TikTok
社群經營
致富術

低成本×零風險×無須基礎，
廣告專家教你
搶攻漲粉變現的短影音商機

中野友加里—著
高詹燦—譯

前言

各位知道TikTok這個社群網站（Social Networking Service）嗎？

或許你曾經在無意中聽過——「好像在年輕人之間很流行，發布短影音的社群網站」，是不是有這種感覺呢？

就某方面的意涵來看，大致是這樣沒錯。不過，也可以說這種感覺是嚴重地誤解。

TikTok是「現在全世界最熱門的社群網站」，同時也是「現今最具有商機的社群網站」。而它的流行，不只局限於所謂的「年輕人之間」，它就像在具有代表性的社群網站中創下最高瞬間風速的紀錄般，正形成一股熱潮。

依我看，如果要用一句話來形容TikTok，我認為它是**「只要內容有趣，就算新手也有機會出奇制勝，是充滿夢想的社群網站」**。

以YouTube為首的影片分享平台已呈現飽和狀態，新建立的頻道若想要擴大訂閱人數，以現況來看非常困難。Twitter和Instagram等其他社群網站也是類似的情況，一般人想得到的事，那些已經具有影響力的人會搶先做出反應，並加以獨占。

這點，TikTok就不一樣了。由於是比較新的社群網站，所以競爭也少，而且與既有的社群網站相比，它的社群還不夠成熟。最重要的是，尚未建立穩固的商業利用模式。**就算是在其他社群網站苦於無法成長的個人或公司，在TikTok上仍然大有可為**。

TikTok在它的系統設計上，原本就是個容易展開商業利用的社群網站。之後我會詳細說明，像YouTube等平台「明明辛苦製作了影片，卻都沒人觀看」的這種情況，在TikTok上不太容易發生，而且它是很容易向外傳播的一套系統，傳播力驚人。總之，它很善待影片發布者。

沒有名氣的發布者所上傳的影片一口氣獲得１００萬次的觀看次數、新人一下子變成「網紅」的例子也愈來愈多，感覺就算是新人一樣能在這個社群網站得到平等的機會。

「那不就是YouTube之類的社群網站的特色嗎？」抱持這種想法的人，如果試著現在重新加入的話就會明白，在既有的社群網站，新加入的人想要擁有高人氣，難度非常高。尤其是這1、2年，更能強烈感覺到這樣的傾向。如果你有內容想和人分享，或是想挑戰社群網站，達成某個目標的話，那請務必現在就試試看TikTok。

TikTok最大的優點，就是光用低成本就可能會爆紅。像徵才、販售、雇用等，它的利用方式相當多樣。

以往想用其他手段獲得較大的影響時，只能投入龐大的資金，利用電視廣告向大眾宣傳。如果想要促銷，還必須與具有知名度的大型百貨公司合作。

但TikTok登場的這個時代，就算不必仰賴電視廣告或百貨公司，公司或個人一樣能出奇制勝。善用TikTok，以低成本又零風險的方式發布影片後，原本沒人光顧的個人小咖啡館變得大排長龍、原本沒人買的商品變得銷售一空，像這類的事屢見不鮮。

資金匱乏或是尚未累積知名度的小企業或個人，都能藉由社群網站的力量出奇制勝。

會拿起這本書的讀者們，我想應該有很多人會說：「我聽過TikTok，似乎現在很流行，但不知道該怎麼活用在生意上。」當然，其中或許也會有「我TikTok用得很熟練呢」的人……。

如果是其他網站的內容，關於如何活用在商業上的方法，已經有不少書籍問世。舉例來說，要如何建立官方網站、如何用Twitter行銷、以Facebook鎖定目標打廣告的方法等。也許有些書店還會設置這類的專區。

不過，談到在商業方面如何有效活用TikTok的書籍，目前幾乎還沒有任何一本書以條理分明的方式加以解說。

而身為本書作者的我，手中經營兩家廣告公司，並且替許多家只要報上名稱，無人不曉的大企業經營TikTok，擔任顧問。從TikTok剛開始在日本流行的初期階段起，我便馬上開始關注活用TikTok來行銷廣告的可能性。例如使用TikTok來開拓支援全新的生意、提升企業知名度、利用影片來經營即時活動等，將此當作生意來經營。在這本書中，我會從自己如何運用一個從零開始的TikTok帳號說起，並且用淺顯的方式仔細解說，包含：針對應該如何以社群網站或影片來聚集人氣並進行銷售、該如何掌握人心與購買產生連結等。

透過TikTok的力量，我跳脫出示範銷售的世界，獲得了飛躍性的成長。

所謂的示範銷售，是向眼前的客人傳達商品魅力的推銷方法，是主動與來店的客人攀談的販售手法。以超市為例的話，一天之內會到超市來的客人頂多只有100人，要以這些人為對象，不管再怎麼努力，終究還是有極限。

我運用過去長期培養的銷售話術，在TikTok上面發布影片後，感覺自己彷彿一口氣可以面對100萬名客人。藉由創作出影片這樣的自我分身，由分身代替我持續展開銷售。

雖然這是我第一次挑戰社群網站，但得到的回響大到令我相當驚訝，現在我仍持續隔著螢幕發布影片，同時滿懷期待的心想「不知道會有幾位客人看到呢」。

我在過去10年的工作資歷中，建立起「做生意就得面對面談」的常識，而在我開始經營TikTok的這短短1年內，這想法馬上改變。

此外，在現今這個新冠肺炎疫情肆虐的時代，常有人來找我諮詢，對我說「店裡沒人光顧」、「商品滯銷」、「雇不到人」。

雖然說過往的常識已經無法適用於現在的時代，但我認為TikTok可以拯救許多企業和個人。原本只能面對100人的我，現在能面對100萬人，同樣的，只要善加利用TikTok，就能面對數千到數萬倍的客人。

儘管在真實世界中的行動受到限制，情勢嚴峻，但以能夠活用社群網站這點來說，反而是該把握機會，並且應該要抱持積極發布影片的態度。

TikTok已不再是「只有年輕人在玩」，也不是「全是一些看不懂的影片在上面瘋傳」。這是一片藍海。我將從頭引領各位。現在，極大的好機會從天而降，不是落進其他的社群網站，而是落進TikTok，至於箇中原因，接下來我將為各位仔細說明。

// 本書是依據2021年9月底當時的資訊執筆。
有可能因為日後網址變更、軟體或作業系統版本升級，
使得本書記載的資訊與事實有出入。
關於因使用本書而產生的問題，出版社及著作權所有人概不負責。

// 各社群網站帳號的粉絲人數、按讚數等，
皆是取自2021年9月底的數據。

// 本書記載之公司名、商品名、程式名等是
各家公司的註冊商標或是一般商標。

目次

TikTok社群經營致富術

低成本×零風險×無須基礎，廣告專家教你搶攻漲粉變現的短影音商機

第1章

了解TikTok有多厲害

全世界最「熱門」的理由

第2章

準備TikTok

如何有效的邁出第一步

第3章

以TikTok聚集人氣

要傳達給誰？如何傳達？傳達什麼？

第4章 以TikTok讓商品熱賣
要怎樣讓聚集來的人們掏錢購買？

第5章

以TikTok掌握人心

如何創造出「狂熱粉絲」

第 1 章

了解TikTok有多厲害

全世界最「熱門」的理由

TikTok能活用在商業上嗎？

TikTok是目前全世界最「熱門」的社群網站。

所謂的社群網站，是在網路上帶來社交性連結的服務，因智慧型手機（以下簡稱手機）的普及，而爆炸性的擴展開來，今後還會持續擴張。全球知名的社群網站有Facebook、YouTube、WhatsApp等，日本則是大部分人比較愛用LINE（有許多人單純只是拿它來當一種通訊軟體使用，不過就分類來看，也算是社群網站的一種）。屬於發文型的Twitter，或是圖片共享型的Instagram，這些應用程式應該很多人都至少曾經用過一次吧。

社群網站被視為充實個人生活的工具，頗受重視，而當中有許多使用者成了中繼站，具有將別人發出的資訊再轉發的功能（即所謂的「擴散」），所以在商業方面的運用也不斷進步中。透過廣告宣傳商品和服務自不待言，還能以企業

圖1.依性別年代區分的媒體接觸時間 2010年
東京地區

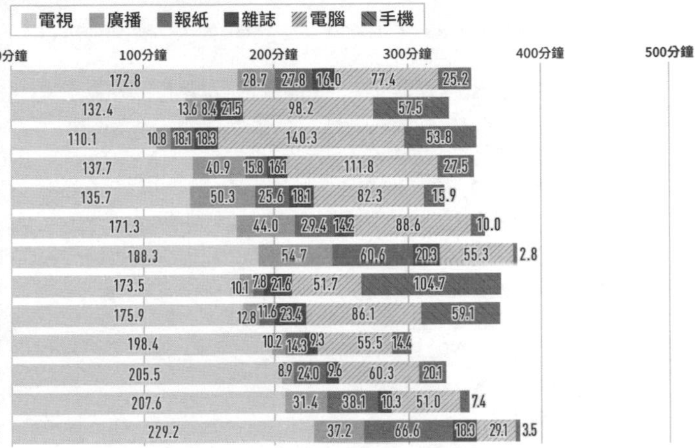

依據博報堂DY Media Partners 媒體環境研究所「媒體定點調查2010」製作

圖2.依性別年代區分的媒體接觸時間 2021年
東京地區

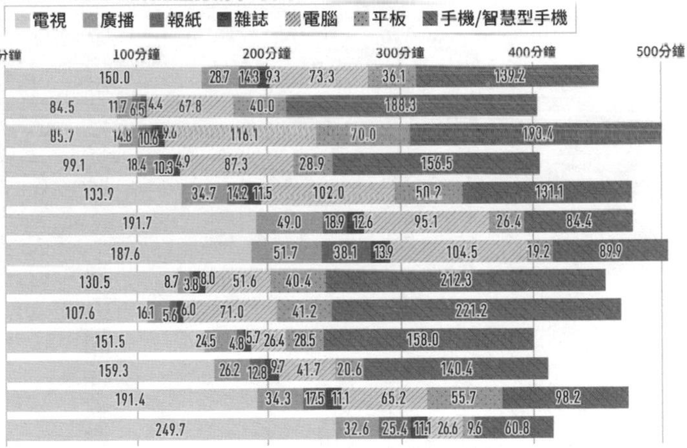

依據博報堂DY Media Partners 媒體環境研究所「媒體定點調查2021」製作

圖3.依智慧型手機服務區分的使用頻率

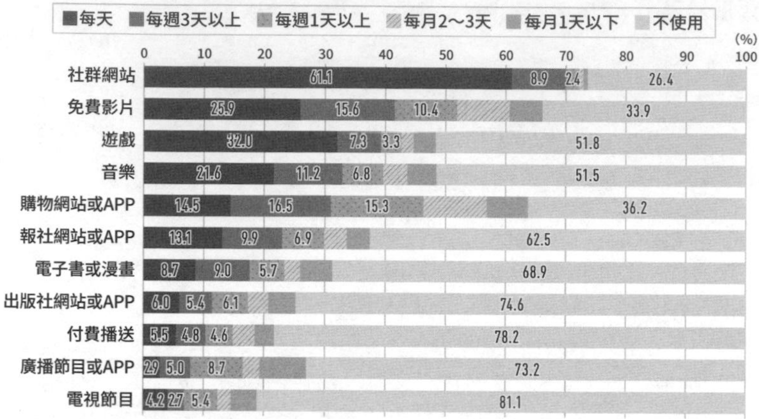

依據博報堂DY Media Partners媒體環境研究所「媒體定點調查2020」製作

的身分經營社群網站帳號，獲取知名度、提升品牌形象、吸引客源、運用在人材雇用等等，運用方法相當多樣。

在這些社群網站中，**最近開始於全球嶄露頭角的，正是TikTok**。

這10年來，社群網站和影片共享服務的使用者人數有飛躍性的成長。根據博報堂DY Media Partners的調查可以得知，2010年當時民眾接觸最多的媒體，幾乎每個年齡層都是電視。但在2021年的調查中，年輕族群最常接觸的媒體，是以智慧型手機為首的數位媒體（圖1、圖2）。

圖4. 社群網站的使用者與使用的服務

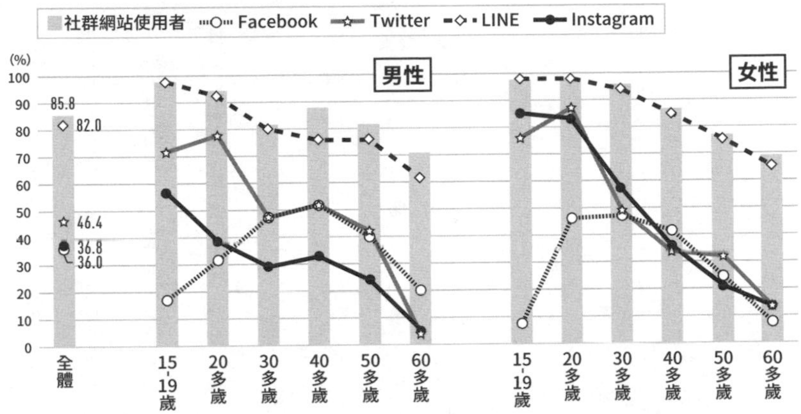

依據博報堂DY Media Partners媒體環境研究所「媒體定點調查2020」製作

觀察手機服務區分的使用頻率，「社群網站」的使用頻率最高，而回答「每天使用」的人達61．1%，若再加上回答「每週使用3天以上」的人，則達到70．0%。此外，使用頻率次高的是「免費影片」，回答「每天使用」的人有25．9%，若加上回答「每週使用3天以上」的人，則多達41．5%（圖3）。

在調查中，使用人數最多的前4名社群網站服務，分別是LINE、Twitter、Instagram、Facebook。接受調查的手機使用者當中，有85．8%的人會使用某種社群網站，82．0%的人用LINE，

46．4%的人用Twitter，36．8%的人用Instagram，36．0%的人則用Facebook。若大致照年齡層分類會發現，所有年齡層都使用LINE，而年輕人很多都使用Twitter，不過，若是單就女性來看，20多歲使用Twitter和使用Instagram的人數相當，15～19歲與30多歲則是使用Instagram的人居多。Facebook的使用者，則是以中年人為主（圖4）。

而這項調查中並不包含某個社群軟體，那就是「TikTok」。TikTok是中國的字節跳動有限公司（ByteDance）經營的短影音app，2016年發行中國版。2018年在全美App Store免費app部門中，下載數居全年之冠，2021年其月活躍用戶數量在全球已突破10億人。在日本的月活躍用戶數量，在2018年時達950萬人以上，以20多歲和30多歲的女性為主要用戶。簡單來說，它是**現今「成長最快」的社群網站**。

而於日本發行後，一般人認為它可能只會在年輕人之間造成暫時性地流行，不會與商業產生連結。不過，現在上至企業，下至個人，都想以商業的觀點來運用TikTok，並各自持續展開摸索。因為其使用人數的成長，已經到了不容忽視的地步。而早期的網站、Twitter和YouTube，也都曾經歷幾乎是同樣的過程。

那麼，在眾多的社群網站當中，為什麼要鎖定的不是其他社群網站，而是TikTok呢？這當中有幾個原因。首先，我想從這點開始仔細說明。

明明持續成長，卻少有競爭對手相當厲害

在現今這個時間點，與其他社群網站相比，我能很篤定的說TikTok「厲害」，關鍵在於它**「用戶數的成長」**和**「流行度」**。如果改用符合它風格的用語，它可以說是全世界最「熱門」的社群網站。

簡單來說，就是這麼回事。它明明位於全球流行的最前端，用戶數不斷成長，但公開將它運用在商業上的企業卻少之又少。這表示**明明持續成長，卻少**

有競爭對手。舉Twitter為例，現在要找到還沒開設官方帳號的企業，或許已經很難了。YouTube也一樣，專業的YouTuber互相爭奪用戶，所以就算現在加入，投注的成本想得到相應的回饋著實困難。

但如果是TikTok，現在都還有足夠的加入空間。當然了，它能獲得20～30多歲的女性大力支持，如此明確的目標群眾也是它很大的優點。說到這裡，相信大部分人都能理解才對。

不過，TikTok更適合商業利用的原因，不光只是先搶先贏，或是用戶層的因素，而是在於更基本的部分。TikTok最大的優勢，在於它身的系統。

「推播型」和「拉攏型」兩者混合相當厲害

首先，**TikTok是「特別強化傳播功能」的影片播送社群網站**。

例如最大型的影片播送服務平台YouTube，它原本的發想只是要當「用

圖5. 推播型廣告

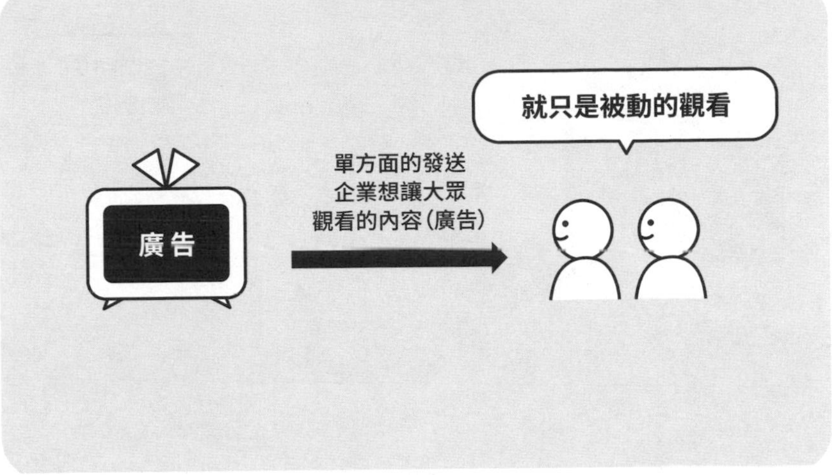

來共享影片的放置處」。現在原則還是沒變，其基本的想法是「將觀看次數多的影片，擺在許多人看得到的地方或是『推薦影片』中，就能賺取更多的觀看次數」。

廣告的種類可分成「推播型（以企業為主體發送，顧客只能接收的廣告。像電視廣告、報紙廣告等。圖5）」以及「拉攏型（顧客自發性的產生興趣，進而使用服務加以傳播的廣告。例如搜尋廣告、自家公司網站、社群網站等。圖6）」，YouTube可說是典型的「推播型」服務。

以「讓民眾看廣告主想讓人看的內容」這層意義來說，當然是「推播型」較

圖6. 拉攏型廣告

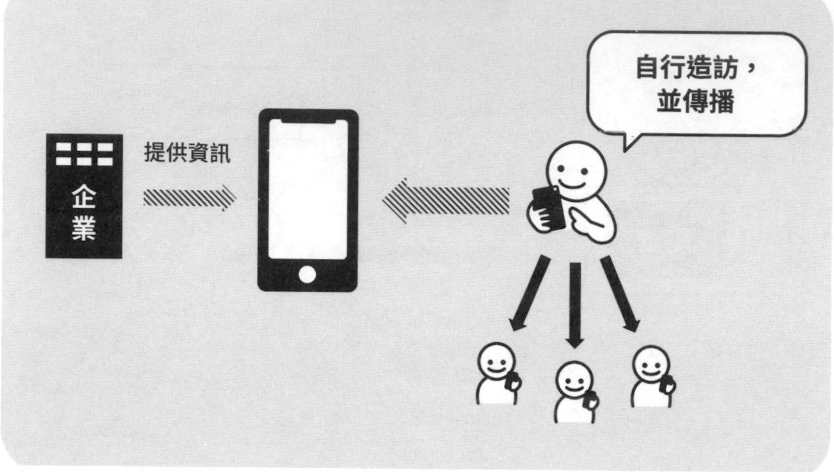

為理想，所以舊有的廣告一直都是以「推播型」為主流。不過話說回來，接觸廣告的人就算想對外傳播，也沒有類似的辦法。

接收廣告的一方因為過於習慣這種推播型的廣告，推播型廣告的威力也相對降低不少。在現今廣告業界的趨勢下，「拉攏型營業」才大有可為，有許多人都表示「乾脆從推播型改為拉攏型吧」之類的。

TikTok當然並非是「單純的推播型廣告」，但它其實也不是完全的「拉攏型」。真要說的話，**它算是「推播型與拉攏型的混合體」。而這正是TikTok與其**

圖7. 推播型與拉攏型的混合

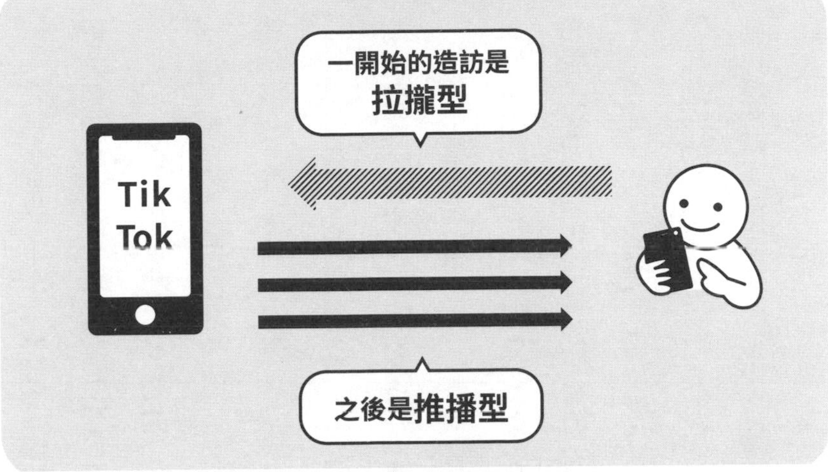

他社群網站最大的差異。

不論是YouTube還是雜誌，最開始的第一步，也就是最先接觸的內容，勢必得由消費者自己選擇，但**TikTok在最開始的階段，只要一啟動app，就算沒刻意搜尋自己想看的內容，它還是會擅自播放影片。**

「就算沒刻意找尋，一樣會自行播放內容」，這點和電視廣告一樣，所以光看這點，可說是典型的「推播型」。

當然，「推播型」也具備「拉攏型」所沒有的優點，也就是不會發生**「辛苦製作出的內容，卻沒人看」**這種情形。

在這套系統下，不管是怎樣的影片，內容再怎麼無聊，也一定會有相當程度的觀看次數。這是因為TikTok的ＡＩ會擅自塞給觀眾。

以我自己的感覺，最初的３００次觀看，保證一定會達成。舉YouTube為例，在完全沒有粉絲的情況下，要達成３００次的觀看次數，其實難度相當高。平台上沒達到這個觀看次數的影片俯拾即是。

以TikTok的情況來看，由於它已安排了最適合傳播用的動線，所以**「明明很有趣，卻沒人看」的情況，遠比其他媒體來得少**。

如果是要發布影片，會希望有愈多人看到愈好。因此，在粉絲數少的時期，一開始的表現更顯重要。尤其是在商業運用方面想馬上看到漂亮數字的發布者，TikTok可說是強而有力的平台。

首先，只要有人觀看過影片，接下來的傳播路線就會擴展，這套系統做出了最適合的安排，所以只要影片有趣，就能充分享受「拉攏型廣告」的優點。

其他媒體除了需要講求影片的品質外，還必須讓人發現影片才行，相較之下，

TikTok對用戶來說，是自行推薦用戶想看的影片，而對發布者來說，則是不管如何都會讓感興趣的人看到影片，並代為傳播，堪稱是**雙贏的社群網站**。

傳播力與認知度相當厲害

「傳播」這個關鍵字在此登場。當基於商業目的提出「想運用社群網站」的提案時，我想，不管怎樣的上司都會說出「你會努力讓它傳播出去對吧」這類的話。沒錯，當人們想運用社群網站來推展生意時，會看準「傳播」這個目標，是理所當然的事。

過去，部落格創造部落客，YouTube創造YouTuber，「媒體出身的明星」不斷誕生。接著，出現藉由發揮自己的知名度和影響力來賺取廣告收入的人，當中還有一些人甚至跨足到其他媒體，表現相當活躍。如今，YouTuber在孩子們「想從事的職業排名」中，一直都居高不下。

正逐漸成為10～30多歲年輕人不可或缺的TikTok，也和其他社群網站有同樣的傾向。**陸續有號稱TikToker的明星誕生**。

身為男性TikToker的Junya（@junya1gou），是擁有全球知名度的明星。粉絲竟多達3800萬人，總按讚數約6億。他發布的影片一概不用語言，只採用臉部表演和物品，也就是屬於「道具搞笑」的類型，所以對於全球各地語

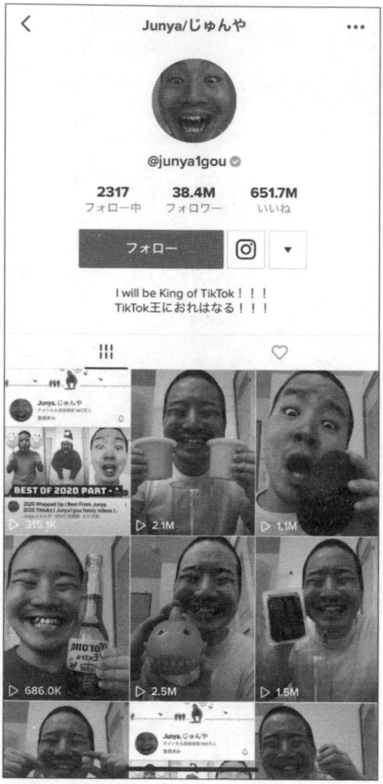

▲Junya (@junya1gou)
以「道具搞笑」影片，在國外同樣擁有高人氣

言不通的TikTok用戶一樣能被接受。

他從2020年開始，在海外打響人氣，甚至成為全日本粉絲數最多的TikToker。2020年9月，他開設了YouTube頻道。不到1個月，訂閱人數便突破10萬人，2021年4月中旬，更突破800萬人。他有多部觀看次數破億的影片，一口氣晉升日本當紅YouTuber的行列。

TikTok粉絲數已超過3000萬人，而且還在持續增加的Junya先生，他的活躍象徵了TikTok的全球性成長，同時也表示TikTok並非「只是在某個地方流行的地方社群網站」。在日本的TikTok用戶中，Junya先生可說是位無人不曉的大明星，而他的影響力也遍及海外。

要像他這麼紅當然不是件簡單的事，不過，只要「依照方法」來活用TikTok，保證可以輕鬆提高你的企業或服務的認知度。

事實上，以我這種程度所擁有的粉絲數（我在2021年9月底的此刻，粉絲數約14萬5000人），走在街上也會有人過來搭話。

走在新宿、澀谷、秋葉原這類的鬧街上，一些看過我TikTok的人，會對我說：「您是TikTok上的那位『社長資歷10年』嗎？」、「我經常看您的TikTok！」、「可以拍張照嗎？」。

在TikTok的用戶中，有人對電視之類的媒體不感興趣、有人根本沒有收看電視的設備（機器。例如電視或附視訊盒的電腦）、有人刻意不更換設備，或是就算來到放有電視的房間，仍舊不看電視，這樣的人相當多。因為只要透過手機，不只限於TikTok，像蒐集資訊或是滿足娛樂都能夠辦到。

「在網路上看到的人」對於光靠社群網站來蒐集資訊和娛樂（或者是有可能做到這個程度）的數位原住民世代而言，與不太活用數位媒體的世代認為的「在電視上看到的人」，兩者擁有同樣的價值。這也難怪，因為是在自己最常接觸的媒體中頻繁出現的人。

如今，在電視媒體上演出的藝人們，大多數也會在YouTube的影片中演

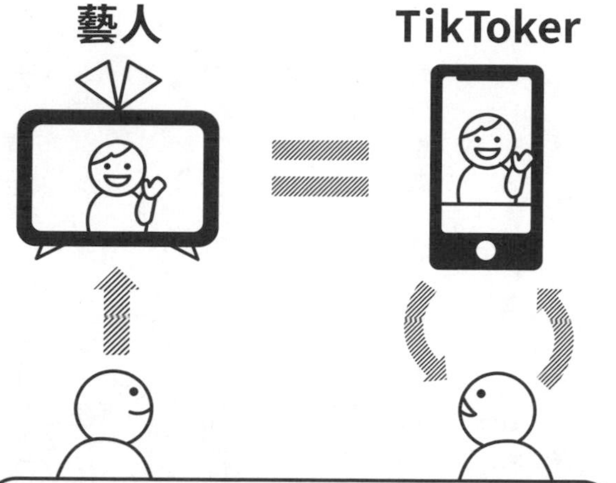

圖8. TikToker擁有幾乎和藝人一樣的影響力

出，因而像「我在TikTok上看過這個人」的這種震撼，會遠比想像中來得大，其擁有的影響力有時和以電視當主戰場的藝人相當，或者在他們之上。

在現今這個電視與YouTube沒多大阻隔的時代，甚至可以說，**那些TikTok上的當紅人物，雖然還沒在電視上演出，但他們所具有的價值或是廣告效果，CP值相當高**。因為以現今的媒體價值來看，比起TikTok，電視或YouTube還是比較高，換句話說，為了在媒體上曝光所花費的成本和門檻，電視和YouTube都遠比TikTok來得高。

但事實上，接觸YouTube的觀眾比接觸電視的人多，而接觸TikTok的觀眾又比接觸YouTube的人多，所以對這些人來說，不論是在電視上露臉的人，還是在TikTok上露臉的人，同樣都是「常在手機上看到的人」。對一概不碰電視的人來說，「在影片上看到過」的意思，就幾乎等同是藝人了。

以我個人的情況來看，我不光只是透過TikTok與工作產生連結，還能收到一般的粉絲傳來的加油打氣，所以深深感受到TikTok這個全新社群網站的魅力。無論是自由工作者、自營業者、店家、中小企業或是大型企業，只要能巧妙運用TikTok，今後將愈來愈容易被大眾認識或者提升人們「好想去那家店！想見那個人！」的意願。

以手機拍攝後馬上就可以發布相當厲害

以發布者立場來看TikTok的強項之一，就是**可以很簡單的在app上編輯**

和發布影片。

聽到發布影片，或許就會聯想到一連串很費工的程序，包含：拍攝能作為素材的影片、剪接、加上聲音、加入字幕……等。因為最開始電視就是這樣處理的，而如今YouTube也完全是同樣的流程。不論是電視還是YouTube，比起拍攝影片本身，影像與聲音的剪輯以及字幕的編輯，反而耗費更多的時間和成本。而且如果是以拍攝出內容更充實的影片為目標，自然會依循這個流程進行。

然而，以TikTok的情況來說，它的系統原本就不一樣。TikTok本來就是**為了「短影音」而特別打造的影片發布平台，就算是較長的影片，也頂多3分鐘就會結束**。電視節目與TikTok影片的差異，**就好比書籍與Twitter一樣**。

發布影片時，可以透過TikTok的官方app直接設定濾鏡、特效、影片播放速度等，憑直覺操作就能製作出短影音。要加入文字也很簡單，能夠在自己喜愛的時機自由呈現文字。當然，也備有多種字型和顏色可供選擇。

此外，**「音源豐富」**這一點，也可以說是TikTok影片編輯功能出色的優點之一。像流行的J-POP、K-POP、西洋音樂、虛擬人聲歌曲，以及其他知名音樂家的音源等，備有許多音樂可以隨心所欲的使用。這是因為TikTok與JASRAC（日本音樂著作權協會）簽訂了包裹授權，且與唱片公司也簽訂了個別的合約。

像YouTube和Niconico動畫這種既有的影片發布網站，經常會產生「音樂著作權」的問題，就連音樂業界也無法對於影片網站的影響視若無睹，於是陸續釐清了雙方的權利歸屬。在過去，就算個人想使用一些風格獨具的知名音樂家的音樂，也因為有許多限制而沒辦法簡單使用。

關於這點，TikTok不知道該說是創新，還是懂得善加利用既有的系統優點，營運的公司打從一開始就代替用戶簽訂了使用契約。「反正終究會用到，乾脆讓大家從一開始就可以使用」，就是這樣的想法。雖然使用的時機也是個大問題，但能感覺使用環境相當完善。

只要是在TikTok簽約的範圍內，就算是知名的音樂也能隨意使用，所以影片的品質會大幅提升。有些音樂也是因為在TikTok上「變得熱門」，才為之爆紅，從「聲音」的層面來看，TikTok也是備受矚目的媒體。

就算沒搜尋，也會自行播放相當厲害

大家應該已經明白以發布影片的創作者這一方來說的優點，所以接著要詳細解說以收看影片的用戶而言的優點有哪些。

要在TikTok觀看影片，有「關注中」和「為您推薦」兩種方法。所謂的「關注」，是只要事先關注自己喜歡的影片發布者，當對方一發布最新的影片，就會自動播放的一種收看模式。感覺類似Twitter或Instagram的限時動態，以及YouTube的頻道訂閱。

TikTok另一個具有特色的收看方式，就是「為您推薦」。

只要在TikTok啟用「為您推薦」，就會依照自己的喜好持續介紹短影音。自動介紹的影片**會根據「之前的觀看記錄」或者是「最近的觀看影片」的資料，由TikTok的AI推測符合當事人喜好的影片並加以介紹**。雖然YouTube也具備自動介紹的功能，也可說相當的優秀，不過TikTok的這項功能具有**用戶方面可以更輕易的做取捨和選擇**的優勢，感覺更為先進。

舉例來說，使用TikTok時，不喜歡的影片或不感興趣的影片，只要動手一滑，就能跳往下個影片，而馬上就被滑開的影片，則會被判斷是「不感興趣」。相反的，當長時間反覆看同一支影片時，AI應該就會判定這是「感興趣的影片」。

藉由反覆進行多次的滑開和觀看，漸漸的就能精準篩選出用戶想看的影片類型。只要知道「這位用戶很熱中於看貓的影片」，TikTok的AI就會陸續展示關於貓的影片。其運作機制是TikTok的AI會依照「動物類」、「有趣類」、「商業類」、「情色類」等的分類領域呈現內容類似的影片。

總之，只要試著用過一次，不知不覺間，自己想看的影片就會反覆呈現在面前，可從中明白TikTok的「為您推薦」功能有多厲害。

點擊「為您推薦」，往上滑就會陸續播放為您推薦的影片

點擊「關注中」，則只會播放你關注的帳號影片

▲TikTok的畫面
「為您推薦」中顯示的是三和交通@TAXI公司（P102）。

營運公司的資本相當厲害

經營TikTok的中國的**字節跳動有限公司（ByteDance），在全世界也是名列前茅的獨角獸企業**。字節跳動有限公司經營TikTok和新聞app的Toutiao（今日頭條），創業於2012年。2020年的營業額為343億美元（約3兆7800億日圓），與前一年相比約成長了2倍。

兼具「創業不到10年」、「固定資產稅評價額10億美元以上」、「未上市」、「科技企業」這4項條件的企業，被稱為獨角獸企業；而字節跳動有限公司為世界頂級的獨角獸企業，甚至有人說它的固定資產稅評價額竟高達4000億美元（約44兆5000億日圓。以2021年9月底時的日圓匯率換算）。在日本，連「評價額超過10億美元」的公司也是少之又少，考量到這樣的現狀，各位應該能明白字節跳動有限公司4000億美元的評價額根本是完全不同的層級。

字節跳動有限公司素以TikTok的營運公司而聞名，不過它的本業是在ＡＩ領域。提供新創企業、科技企業、創投的相關獨家情報的機構「CB Insights」所選出的「ＡＩ領域百大公司」，以及由美國商業雜誌《Fast Company》選出的「最創新的企業名單」當中，字節跳動有限公司皆獲選在列。從財力、技術力、政治力等不同層面來看，它也稱得上是全世界名列前茅的科技企業。

一聽到ＩＴ企業，我想許多人腦中會馬上浮現美國的ＧＡＦＡ（Google、Apple、Facebook、Amazon），但字節跳動今後肯定會跟上ＧＡＦＡ的腳步。即便在中國國內，它也已經成為足以威脅BAT（Baidu、Alibaba、Tencent）這三強的強大勢力。

在App Store的下載數高居第一相當厲害

TikTok的高普及率，**從App Store的下載數排行也可以看得出來**。App Store是Application Store的簡稱，是美國蘋果公司為了提供可在iOS上使用的行動應用軟體所設立的（有個容易搞混的單字叫Apple Store，這是指可以購買美國蘋果公司的手機、平板、筆電的實體店鋪，與App Store不一樣）。

根據調查公司Apptopia發表的**2020年手機app下載排行，排名第1的是TikTok，下載次數是8億5000萬次。它成為全球最多人下載的手機app**，從中可看出它的熱度。

順帶一提，第1名到第10名如左頁圖9所示。

2020年新冠肺炎疫情襲捲全球，宅在家中以及遠距工作的需求大增，就結果來看，大幅成長的除了TikTok、Facebook、Instagram這類的社群

圖9. 2020年手機app下載排行

排名	app	（下載次數）	排名	app	（下載次數）
第1名	TikTok	8億5000萬	第6名	Messenger	4億400萬
第2名	WhatsApp	6億	第7名	Snapchat	2億8100萬
第3名	Facebook	5億4000萬	第8名	Telegram	2億5600萬
第4名	Instagram	5億300萬	第9名	Google Meet	2億5400萬
第5名	Zoom	4億7700萬	第10名	Netflix	2億2300萬

依據Apptopia「10 Most Download Apps in 2020 Worldwide」製作

網站app之外，像WhatsApp、Zoom、Messenger這類的通訊app也都名列前茅。

單就整體的排名來看，因為不能外出玩樂，改為在社群網站上尋求全新的立足地或人際連結的人變多了，目的在於維護以社交友關係的app則緊接在後。而完全以自己一個人打發時間，或是家人一起共享作為前提的app，則有排名第10的影片播放大廠Netflix。

不會為發布影片的題材傷腦筋相當厲害

TikTok吸引許多年輕人的原因之一，在於**它發布影片的難度很低**。以手機攝影後，就能直接加工或編輯，簡單又輕鬆，甚至還有讓人不必為發布影片內容傷腦筋的設計。它強化了TikTok的「簡便性」。

TikTok平日都有像「這是現在最推薦的內容哦」這種影片投稿的「模板」可以共享。

舉例來說，當「A」這種舞蹈在TikTok上開始流行時，發布者會建立一個「#A舞」的標籤，然後發布影片。而看到「#A舞」的其他發布者，也會陸續發布舞蹈的影片，A舞就這樣在TikTok內爆紅。「#」稱作主題標籤，是顯示出同性質影片的標幟。

只要點擊畫面下方的「發現」，就會顯示出TikTok現在當紅的主題標籤一覽表。從用戶的觀點來看，只要看了「發現」，就不會再為了不知道該發什麼影片好而發愁，能立刻趕上TikTok的流行，像參加慶典一樣跟著一起熱鬧，可以很輕鬆的樂在其中。

不論是看影片，或者是發布影片，只要多留意主題標籤，就能充分明白TikTok的樂趣所在。

點擊畫面下方的「發現」，看看現在人氣急速上升的主題標籤，就不用為影片題材傷腦筋

能導向其他社群網站相當厲害

將TikTok運用在商業上的優點，還有一個就是**它能導向其他社群網站。如果在TikTok獲得粉絲，或發布的影片參與度（其他用戶對自己的影片有反應的次數）變高，則不光在TikTok內會提高認知度，也很容易會連結到YouTube之類的其他平台。**

例如，發布破天荒類搞笑影片的かすこんねぅ（@mentaikoumasugi），是約有84萬粉絲的TikToker。主要發布怪臉、日常趣事、學校趣事等題材的影片。

這位かすこんねぅ最近也進軍YouTube。她在TikTok報告自己開設YouTube頻道的事後，馬上獲得80萬個讚。她第一個發布的YouTube影片，

得到100萬次觀看，訂閱人數一口氣就超過了12萬人。

就只是一支引導別人去其他媒體的影片，竟然能傳播到這種地步，其背後的原因是她在TikTok已擁有許多粉絲，造就了YouTube的有效宣傳。像她這樣，在TikTok上成長後，才開始經營YouTube頻道的TikToker相當多。

▲かすこんねぅ
（@mentaikoumasugi）
以日常趣事的題材博得高人氣，也成功將粉絲引導至YouTube

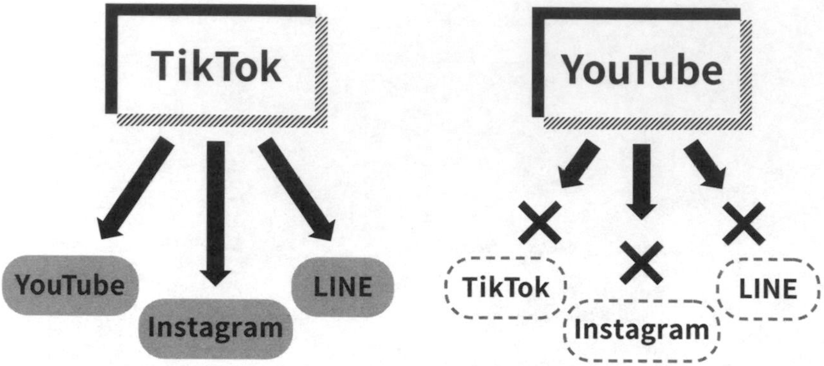

圖10. TikTok能夠引導粉絲至其他媒體

或許有很多人知道，其實有些媒體很不希望用戶採用「引導至其他媒體」的做法。因為要是用戶就此移轉到其他媒體，這麼一來，媒體本身的活躍用戶數減少，媒體的力量將就此下滑。尤其是有不少媒體很排斥引導至有競爭關係的其他服務上，甚至到有點神經質的地步。

TikTok在這方面很不一樣。它原本就是晚起步的媒體，所以它猜得出用戶的目標是「要攻占其他媒體」，因而在某個程度上，它以「流往其他媒體」當前提，容許這種做法。用戶要這麼做也行，只要平常使用它當入口影片網站的使用人數能增加就行了，或許這就是TikTok抱持的想法。不太會給人「肥水不落外人田（這是會損及用戶方便性的一種限制）」的印象。

就好好利用這項特性吧。除了YouTube外，也能連結至Instagram、Twitter、網站等其他媒體，這也是應該全力投入TikTok的原因之一。

第 1 章歸納

TikTok是

- **明明持續成長，卻少有競爭對手**
- **「推播型」和「拉攏型」的混合體**
- **傳播力與提升認知度優異**
- **發布影片難度低**
- **負責營運的公司ByteDance很厲害**

第 2 章

準備 TikTok

如何有效的邁出第一步

任何人都辦得到，TikTok的展開方式

前面已經針對現在就該開始使用TikTok的原因做了一番解釋。或許有人會說：「我已經想嘗試TikTok，快點教我怎麼開始吧！」請稍安勿躁，我這就開始說明。

關於TikTok的展開方式，首先要上網造訪TikTok的官方網站、或是從應用程式商店安裝TikTok的官方app，進行會員登錄。

雖然也可以在電腦上透過瀏覽器來使用，不過基本上，這是大多數人都用手機觀看的社群網站，所以這次我要介紹的是在手機上下載app的步驟。為了站在觀眾的角度著想，只要不是另有苦衷，例如企業使用的設備有所限制，我都建議用手機來開設帳號。

首先，iPhone的使用者要打開App Store，Android手機的使用者則是打開Google Play Store。搜尋TikTok後，會跑出一個音符圖示的官方app，就可以開始安裝。

等app安裝結束後，接著是會員登錄。會員登錄需要的資訊如下。

- 電話號碼或電子信箱
- 出生年月日
- 密碼
- 用戶名

也可用LINE、Twitter等其他社群網站的帳號來代替電話號碼或電子信箱登錄，不過，既然有心經營TikTok帳號，就別透過其他社群網站帳號登錄，重新辦一個帳號比較不會出問題。用戶名之後也可以更改。按照指示輸入資訊，同意使用條款後，就能夠開設帳號。

帳號開設後，就可以開始「關注帳號」和「影片上傳」。

我在第1章也提過，要收看影片時，有「關注中」和「為您推薦」這2種方法。

在「關注中」的介面下，自己所關注的發布者上傳的影片會自動播放。這是與「Twitter和Instagram的限時動態很相似的功能。而在「為您推薦」下，則會播放你沒關注的發布者上傳的影片。TikTok的AI機制會依照收看者的喜好播放影片，這可說是TikTok的特色。

要上傳影片時，打開app，點擊畫面底下的「＋」鈕。你可以當場錄影，也能使用已存在手機裡的影片。

選好影片後，接下來會轉往編輯畫面。由於可以加上字幕、音樂、特效，所以想進行編輯時，請點擊各對應的按鈕。最後，如果要加上主題標籤（＃），

濾鏡和速度調整也可在這個畫面進行
聲音效果和配音，都能在這個畫面下進行
在這裡可挑選音樂
錄影結束後，便會移往這個畫面。可在這裡設定字幕或進行整體的調整，完成影片
按下這裡就開始錄影
點擊這裡，就會進入影片製作畫面
文字編輯也能在這裡完成
@syacho10year

▲ 影片製作畫面

就輸入文字，影片就此大功告成。

上傳後就會在TikTok內公開，其他用戶也能觀看。

變更成「企業帳號」

TikTok中具備了名為「企業帳號」的功能，適合想將TikTok運用在廣告和宣傳上的「專家」使用。

雖然說是適合專家，但從app設定中就可以輕易的變更，而且不用花錢。接下來我會詳加解說。由於企業帳號可以看到影片的曝光資料，是很方便的功能，因此想好好經營TikTok的個人或企業，務必要加以變更。

那麼，我先介紹將自己的帳號改成企業帳號的方法。

先登入TikTok，點擊我的頁面右上方的「選單」部分（畫面右上方的3條

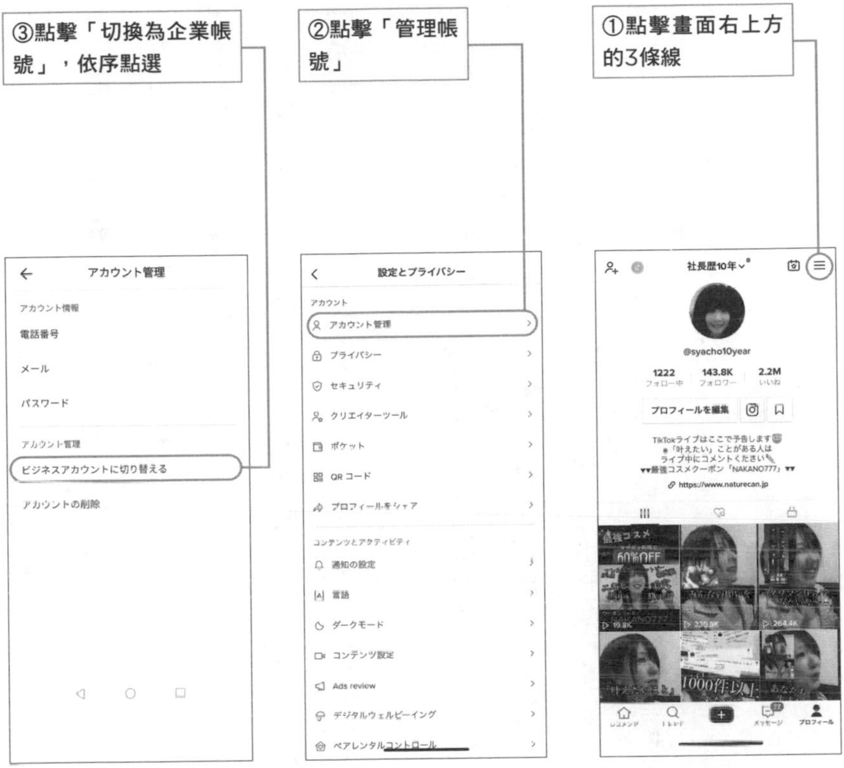
③點擊「切換為企業帳號」，依序點選
②點擊「管理帳號」
①點擊畫面右上方的3條線
アカウント管理
アカウント情報
電話番号
メール
パスワード
アカウント管理
ビジネスアカウントに切り替える
アカウントの削除
設定とプライバシー
アカウント
アカウント管理
プライバシー
セキュリティ
クリエイターツール
ポケット
QR コード
プロフィールをシェア
コンテンツとアクティビティ
通知の設定
言語
ダークモード
コンテンツ設定
Ads review
デジタルウェルビーイング
ペアレンタルコントロール
社長歴10年
@syacho10year
1222
フォロー中
143.8K
フォロワー
2.2M
いいね
プロフィールを編集
TikTokライブはここで予告します
「叶えたい」ことがある人は
ライブ中にコメントください
最強コスメクーポン「NAKANO777」
https://www.naturecan.jp

▲切換成企業帳號的方法

線）。

選擇「管理帳號」後，會有「切換為企業帳號」的選項，加以點擊。可以選擇「創作者」或「企業」，所以個人的話就選擇「創作者」，店家或企業的話則選擇「企業」。

最後，選擇「藝術」、「美容時尚」、「教育」、「舞蹈」等適合自己帳號的領域，到這裡就完成了。

接下來是變更成企業帳號就會強化的功能，分別是「資料確認」、「推廣」、「個人資料追加」、「商用音樂的使用」這4項。

最近一般帳號的功能持續擴大，也開始能夠使用「資料確認」與「推廣」。若切換成企業帳號，就可以進一步展開細部分析，或許今後也會追加其他功能，所以在此建議先設定為企業帳號。

「資料確認」是可以針對影片的觀看次數、個人資料的顯示次數、按讚數、留言數、粉絲屬性、直播的觀看人數等各種數值加以確認的功能。

能夠輕鬆分析帳號整體上獲得多少觀看次數，以及有多少人關注，也能藉由確認粉絲屬性，來得知多數的觀看者屬於男性或者是女性。

想要讓TikTok帳號有所成長，得先假設「何種影片會吸引較多人觀看」，然後實際發布影片，並且驗證結果，這樣的循環很重要。不過，若能活用確認影片資料的功能，就能有效的加以分析。

要確認資料，得先打開個人頁面右上方的選單，點擊「創作者工具」中的「資料分析」。

接著會分成「概要」、「內容」、「粉絲數」、「LIVE」等標籤，請選擇你想看的項目吧。

也可從發布的各個影片中打開「資料分析」的畫面，掌握該影片的平均觀

◀確認資料的方法

①點擊畫面右上方的3條線

②點擊「創作者工具」

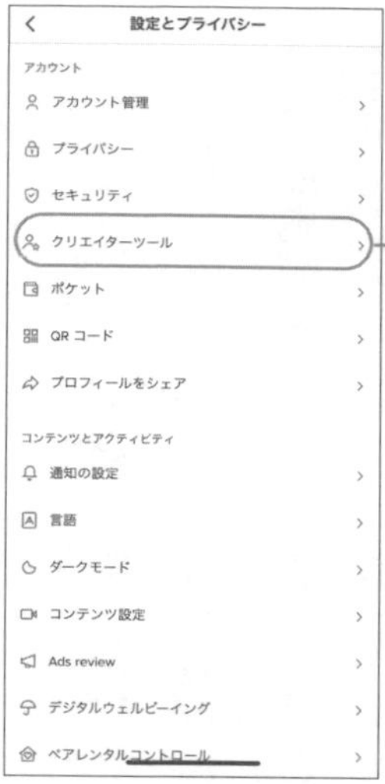

看時間，以及完整看完影片的人數。

巧妙的運用帳號整體的資料分析，或是各個影片的資料分析，提升發布的影片品質吧。

所謂的「推廣」，是為你發布的影片付費，讓更多人能看到影片的一項服務。

TikTok具備的「為您推薦」功能，能夠將影片呈現給最基本的觀眾觀看。雖然TikTok具有若是影片的評價高，就能呈現在更多觀眾面前的機制，但藉由使用「推廣」，可強制讓更多觀眾看到影片。

要使用推廣功能時，必須支付費用給

③點擊「資料分析」

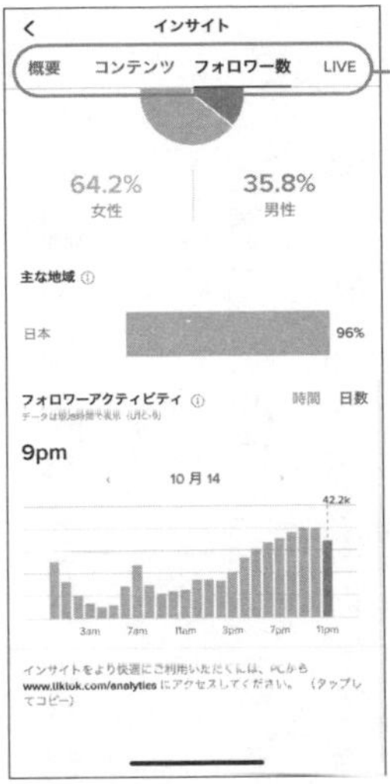

④資料分析畫面
在這裡可以確認各種資料

TikTok，從約100元的低價起收費，先試用看看也是個辦法。

詳情會在第3章解說。

「個人資料追加」是能在個人資料中貼上網站連結的功能。

雖然就算是一般帳號，也能貼上Twitter、YouTube、Instagram等其他社群網站的連結，不過，只有企業帳號能貼上一般網站的連結。

如果有想要引導過去的網站，或是有一頁式網站，最好將TikTok更改為企業帳號，事先讓它顯示在個人資料上。

打開個人頁面右上方的選單部分，就可以登錄網站的網址。

「商用音樂的使用」是以避免廣告主侵犯著作權為目的而準備的功能。TikTok備有「商用音樂庫」，只要是這裡面有的曲子，就算在廣告中使用，也不會侵犯著作權。

用在推廣時，可省去取得音樂製作者和管理者許可的時間，所以是廣告主可隨意使用的功能。

發布的內容要集中在「一個主題」上

準備好TikTok帳號後，接著是**以發布者的身分決定主題和方向性**。

為了想快點增加粉絲數量，打算從高人氣的影片類型下手，一一上傳發布，我能理解這樣的心情。不過，**發布的內容，原則上要集中在一個主題上**。

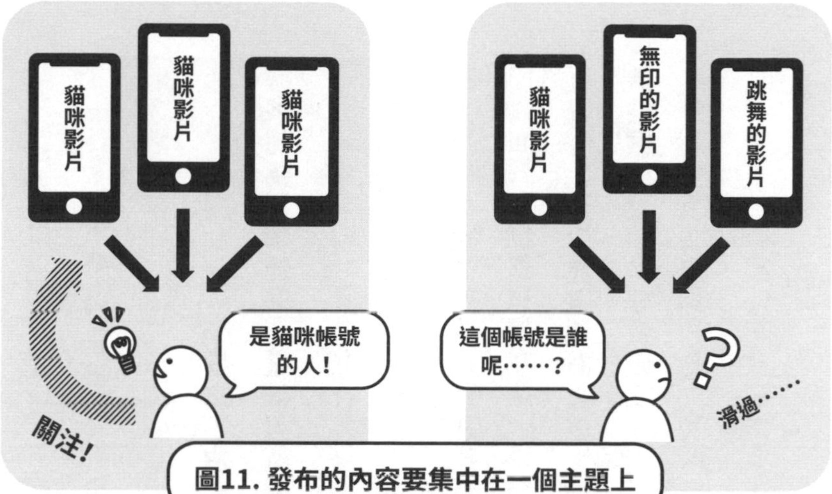

圖11. 發布的內容要集中在一個主題上

舉例來說，如果是貓咪的影片，就只發布貓咪相關內容，如果是跳舞的影片，就只發布跳舞的內容，如果是無印良品的商品介紹影片，就只發布無印良品的商品。假如是用公司的身分，以取得眾人的認知或人材雇用為目標，那就只上傳公司相關的影片，如果是要介紹店面，就只發布店面相關的影片，這樣就行了。

重點是要**讓什麼都不知道的人，在看到你發布的影片時，馬上就知道「這是某某某的帳號」**。專精性高的帳號，取得關注的機率也會比較高。

（例：是貓咪影片的帳號↓因為一直在找尋

貓咪的帳號，所以開始關注）

有人明明還處在認知度不高的階段，卻還發布多種不同類型的影片，這也是經常會看到的疏失。例如某天是貓咪影片，某天是用餐風景，某天又是跳舞影片。這麼一來，**乍看之下會顯得發布的影片沒有一貫性，讓人搞不清楚這個帳號想要訴求什麼，這樣可就犯了大忌**。

連你是誰也不知道，看了也不知道這帳號的專業在哪裡，於是也就不會有太多人關注（＝這種類型的帳號，就算繼續看下去也不會變得有趣）。如此一來，就和路上擦肩而過的路人沒什麼兩樣。

面對一位就只是在路上擦肩而過的人，沒人會不抱持任何目的，就此停下來關注。**至少在變得有人氣之前，要讓人一看就知道「你為什麼會在那裡」，這點很重要**。是要賣商品，還是要帶貓散步，或者是想讓人看到某種表演。只要能明白你想呈現出來的東西，就有人會停下來觀看。

如果是像當紅的 YouTuber 一樣，本身就具有很高的知名度，那就另當別論。**「只要是這個人，不管他做什麼我都想看」，如果是會讓人產生這種想法的人物，便有人會鎖定他主動前來，因此自然會有觀眾。**因為他能讓群眾產生興趣，使人心想「他接下來不知道會做什麼」。不過，如果沒有這樣的背景，和一般人沒兩樣、最近才開始經營TikTok的人，在不清楚表明自己究竟想呈現什麼的情況下，就算發布影片也不太可能受到矚目。

首先，對於不認識你，或是不知道你帳號的人，你得要鎖定主題，向他們傳達你是個怎樣的人，以這樣的感覺來決定要發布的影片內容。

以五個影片主題來看出目標

話雖如此，或許有人無法從一開始就只鎖定一個影片主題來發布。或者也可能已經決定好一個主題，也發布了影片，但反應不如預期。

當無法決定出一個影片主題時，你要採取的作戰方式是先決定出最多不超過五個的主題，再選出當中表現較好，或是看起來比較有發展可能的影片，讓它繼續發展下去。

而在決定五個影片主題時，最好選擇彼此之間具有關聯性、較有一致感的主題。

舉例來說，如果你以「社長類TikToker」為目標，比較有可能發布的主題大概是像下面這種感覺吧。

- 談論商業
- 有錢人的小故事
- 大談社長的辛酸史
- 想向學子們說的話
- 談論自己經手的商品

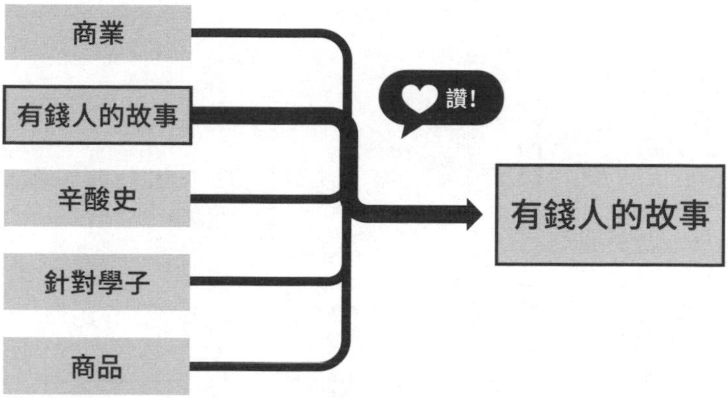

圖12. 以五個主題發布影片，對評價好的影片加以深耕

每個主題都是和「社長」有關的關鍵字，而且都有留意世人對「社長」所抱持的印象。**依照這五個內容持續發布影片，對評價好的影片加以深耕吧。**

舉我個人的例子，以社長的辛酸史而言，會談論自己小時候貧困的小故事，結果反應不錯，因此就將「中野社長的貧困小故事」製作成系列影片。

說個題外話，並不是TikTok才有這樣的情況，這可說是整個社群網站的共同特徵，人們往往會對「不幸的題材」、「辛酸史」多一分關注。比起總是談「社長成功經驗」的那種帳號，不如傳達「以前我吃了不少苦」→「造就了我今日的成功」這種感覺，似乎還比較容易給人親近感。

稍微有點離題了，當發布的影片無法鎖定在一個主題上時，以最多五個相關主題來試試，也很有效果。只要實際發布影片，就能以按讚數和觀看次數來看出反應的好壞，就將反應不錯的影片拍成系列，加以強化吧。

以「人物歸屬性高」的帳號為目標

剛才一直談到將發布影片的主題鎖定在1～5個類型內，不過，我們要追求的最終目標，是成為不管採用任何主題都能被接受的人。剛才也曾稍微提及，如果你自己就是擁有眾多粉絲的名人，固定有一群人會對你所做的事感興趣的話，那麼，你的存在本身就會引起眾人的興趣，就算沒鎖定類型，一樣也會被接納。

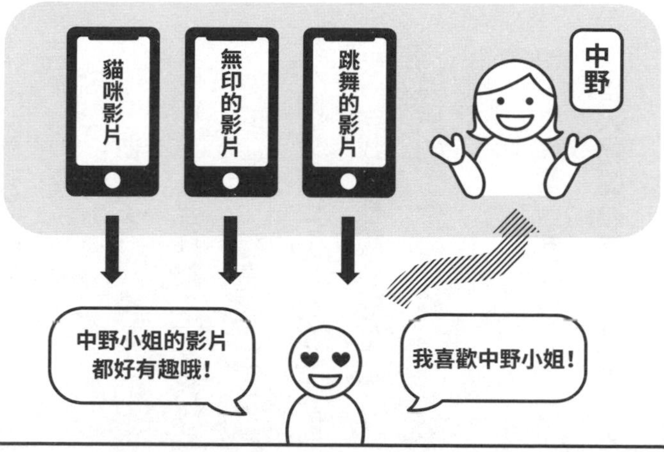

圖13. 若「人物歸屬性高」，則不管任何主題，粉絲都能接受

觀看影片的原因有很多，不過，「因為是這個人的影片，所以想看」的這種狀況，我稱之為「人物歸屬性高」。

一開始沒有人知道你是誰，所以必須得讓人知道你是「做〇〇的人」，例如像是「擔任社長的TikToker」、「跳舞的人」、「養貓的人」等等。不過，當帳號的關注人數逐漸成長，並且長時間經營TikTok後，**粉絲會愈來愈多，不管發布怎樣的影片內容，都會得到不錯的回響**。

「這個社長帳號的人拍的影片很有趣」，一開始是出於這種觀看動機的人，**會慢慢轉變為「因為是中野小姐的影片，所以想**

看」。

舉有名的YouTuber為例，像HIKAKIN先生的影片「人物歸屬性相當高」。

他除了「日常類」的影片外，還有商品介紹、遊戲實況、〇〇體驗、貓咪影片、人聲打擊等，充斥著形形色色、各種類型的影片，但每支影片都獲得很高的評價。這是因為HIKAKIN先生已獲得許多人的認識和好感，觀眾是出於「因為是HIKAKIN先生的影片，所以想看」這樣的動機而觀看影片。

我這樣說有點低俗，不過，如果他想承接企業的案件，應該有辦法和各種領域的企業合作吧。身為影片發布者，他可說是已經達到眾人追求的最終階段了。

經營TikTok帳號也是一樣的情況。這確實難度頗高，但**最後如果能建立出人物歸屬性高的狀態，可說是最好的結果**。

不過，我要再重申一次，沒有粉絲的帳號，就算一開始就發布各種類型的影片，一樣很難有粉絲加入，所以需要特別留意。從少數的主題開始做起，等自己受到認同後，再試著慢慢發布其他主題的影片，這樣也不錯。

擷取熱門帳號的精華

開始經營TikTok時要掌握的基本原則，就是**模仿那些展現出成果的帳號或者影片**。

社群網站發布的影片得到許多回響，或是粉絲數增加，這都可以稱作「熱門」，TikTok也有許多熱門人物。開始經營TikTok後，無法馬上知道會得到怎樣的評價，所以要先對那些熱門人物展開徹底研究。

要模仿成功人士時，不是一字一句完全複製，而是只擷取當中的要素，這點很重要。例如你發現一位憑著「學生時代的糗事」而引爆話題的人，你要做的不是直接使用他說的話，而是想想自己是否也有「學生時代的糗事」。

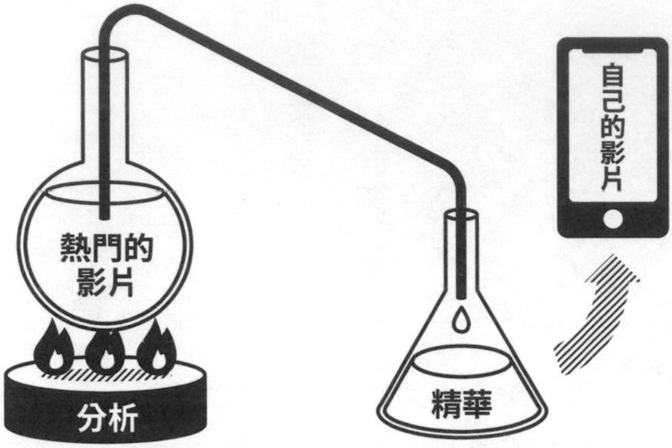

圖14. 運用熱門影片的精華

如果完全照抄，那就當場出局了（因為是騙人的），所以只要擷取當中的要素，改成自己獨有的小故事，就不會有問題了。找出能當範本的帳號，研究這帳號為何如此熱門。在經營TikTok的初期，要特別**思考這些網紅爆紅的原因，將他們的精華活用在自己的影片中**，這點很重要。

此外，**跟上在TikTok內流行，或是在社會上流行的內容，也相當重要**。

如同我在第1章所說的，TikTok有名為「主題標籤（#）」的共通主題。只要看看出現在「為您推薦」裡的影片，就會發現大量播放或反覆顯示在你面前的流行題材。如果發現TikTok上流行的題材，那就是個機會。試著想想看自己是否也能跟上這股潮流。

最好別使用與帳號給人的印象差距太大的題材，不過基本上來說，應該要跟上現今熱門的題材才對。

此外，不只限於TikTok，對於在社會上引發話題的事件，也要保持敏銳度。

例如2020～2021年間，新型冠狀病毒疫情大流行，有許多影片發布者都提到這個話題。對觀眾來說，這也是高度關注的主題，與新冠肺炎有關的影片總會引來注意。不妨積極的發布像新冠肺炎這樣引發世人高度關注的話題吧。

當然，在這種情況下也一樣，和自己給人的印象差距太大的話題，用了只會扣分。因為發布影片始終都是為了讓更多人知道自己的個人特色。就算毫無意義的說一些不合個人風格的事，也不會為你帶來人氣。

交給專家去處理的優缺點

雖然還沒成為主流（所以才有機會），但已經開始有人將TikTok當一門生意來看待，把影片編輯或帳號外包給他人處理。

如果是當作個人嗜好，一般都是自己發布影片，不過，若是想當作商業來經營，或是以企業為主體來經營TikTok時，應該也會考慮外包吧。比起由外行人上傳許多不吸引人的影片，**由專家看準目標而製作的影片比較容易博得人氣，也是理所當然的，而且就結果來看，有時這樣花費的總成本還比較低**。

如果只是影片編輯或是給簡單的建議，只要委託擅長操作TikTok的個人或自由工作者即可。只要在Lancers、Coconala、Crowd Work等外包媒合平台搜尋，就能找到許多專門承包TikTok影片編輯工作的人才。價格方面，許多人都會設定在編輯一支影片1000日圓起的價位，如果想「將TikTok

編輯作業外包」時，媒合平台應該能成為首選。

要是想更正式一點，從企劃乃至於編輯、發布影片，全都能一起討論的話，委託廣告商處理會比較好。只要在網路上搜尋「TikTok外包」，就能找到專門經手社群網站行銷的廣告商。

一旦委託廣告商，他們會詢問「您的目的是什麼」、「想打造出怎樣的帳號」。之後是運用的方針和預算的提案，決定在影片中演出的角色，拍攝影片，編輯後發布，大致是這樣的流程。

TikTok的商業運用以及伴隨而來的代為營運，都是最近才開始的領域，以目前的階段來看，已逐漸形成固定的行情。

就我個人的感覺來看，一個月委託編輯30支影片，價格約在10萬～20萬日圓，像這種委託廣告商的案件已經算是相對便宜的價格。一般認為這是因為TikTok的商業利用價值尚未向下紮根，市場行情還沒炒熱。如果是YouTube的話，可就沒這麼便宜了，換作是像電視這樣的大媒體，當然更不只如此。

雖說商業利用的價值尚未向下紮根，但已經有許多企業成功的利用TikTok來招攬顧客、雇用人材，經過驗證後的結果得知，這比在人力銀行網站或是Facebook上宣傳更有效果。TikTok是剛開始受到矚目的社群網站，營運成本不高，卻效果顯著，基於這層因素，我認為TikTok是值得鎖定的社群網站。

YouTube和TikTok有何不同？

最近常會聽到有人抱持這樣的煩惱，說他身為YouTuber已經具有相當的規模，也想開始經營TikTok，但就是不順利。具體來說，就算是訂閱人數多達10萬人的YouTuber，卻在攻略TikTok時陷入苦戰，這樣的例子也不是沒有。

相反的，以TikToker的身分經營得小有成就的人，雖然涉足YouTube，粉絲數卻始終不見成長，這種事也時有所聞。詳情我會在第4章加以解說，不過，要將粉絲從TikTok引導至YouTube，需要投注一番心思和努力。

經營YouTube的人與經營TikTok的人，在進出雙方的媒體時陷入苦戰，其背景似乎在於這兩個平台之間的差異。

YouTube作為已擁有龐大勢力的影片社群網站，無法忽視它的存在，在此歸納出它與TikTok比較後得到的差異。

最大的不同，是雙方所預設的影片時間差異。

TikTok是著重在短影音上的社群網站，影片最長只能3分鐘，基本上大多是幾十秒便結束。而另一方面，YouTube推薦的影片時間是10分鐘左右，有些上傳的影片甚至長達幾小時。

在TikTok上為了要有笑點，在開始播放的同時就得吸睛，而且需要有流暢的速度感。因此，與一開頭先從自我介紹切入的YouTube影片相比，更需要在短時間內塞入大量資訊。

影片長度的差異，也會對有無「縮圖」帶來影響。TikTok會陸續播放長度約數十秒的短影音，這種觀看形式**並不存在名為「縮圖」的影片開頭圖片。而在YouTube下，是先看了縮圖後才會判斷要不要觀看影片，相對於此，TikTok則是突然就播放起影片。**

由於TikTok的系統機制與透過縮圖來吸引目光、引誘觀眾點擊播放的YouTube不同，所以習慣YouTube影片發布方式的人，往往都會對TikTok的系統感到不知所措。具體來說，TikTok重視的是「開始的第1秒」。之後我會加以說明。

第二個大差異，是**影片的傳播機制**。

如同我前面所說，TikTok具有稱作「為您推薦」的影片傳播功能，大部分觀眾都會停留在「為您推薦」這一欄。拜「為您推薦」欄之賜，不管影片發布者的粉絲再少，至少也都能讓數十人看到影片，這就是它的設計機制。

而另一方面，YouTube則沒有這樣的傳播功能，所以剛上傳的影片「播放次數0」也是常有的事。YouTube也有顯示「相關影片」的項目，但那並非主要功能，不是所有觀眾都會主動追相關影片。

TikTok每一次影片都會主動傳播，給人引爆話題的機會，而YouTube則是從顯示在相關影片上的時候開始，就得穩紮穩打的吸引觀眾，累積頻道訂閱人數。

是「每次都是一場勝負」，還是「對自己累積的觀眾說話」，可以說是TikTok與YouTube之間的差異，只習慣其中一種模式的影片發布者，往往會陷入苦戰。

第三個大差異，是**要傳播具有即效性的內容，還是要讓影片持續累積**。

在TikTok下，可以期待藉由AI的「為您推薦」來產生爆炸性的傳播，但另一方面，很少有人會回過頭去觀看你以前的影片。

而在YouTube下，影片往往都會拍成系列，所以**觀眾常會一口氣看完該系列所有的影片**。

TikTok始終都是短影音，**再加上會陸續播放，使用上很輕鬆，所以是以在通勤或休息時間等觀看，完全融入日常生活空檔中的收看類型為主軸**。

另一方面，YouTube就像是在週末欣賞自己喜歡的頻道一樣，給人的感覺是會準備好「看YouTube的特別時間」來收看。例如對旅行類YouTuber的影片感興趣，而一次從頭全部看完，應該有不少人都有這樣的經驗吧。

TikTok則很少有「從頭回溯影片」這種收看類型的觀眾，所以形成了在發布影片時會特別留意要引爆話題的發布類型。TikTok最適合「有件事想讓大家知道」的創作契機，堪稱是能最快獲得眾多播放次數的社群網站。如果你有更深層的內容，希望觀眾多花點時間去了解，那就應該選擇YouTube。

就像這樣，各個媒體有各自的特性，有強項，也有缺點，最好能全部納入考量後，再選擇適合的媒體。當然，如果能夠仔細掌握其差異，也是有可能利用兩邊的媒體得到豐碩的成果。

相反的，如果單純只是基於「同樣是影片，兩邊應該都差不多吧」這樣的原因，而發布同樣的影片，並就此滿足，那可就沒意義了。

雖然說同樣都是「影片類社群網站」，但它們是基於截然不同的演算法來運作，所以各自的攻略法也不盡相同。如果要用在商業領域，不事先了解這些差異，以最適合的形式來經營，就無法獲得理想的成果。

第2章歸納

・發布影片前，決定好帳號的主題和方向性
・無法決定出一個主題時，以最多五個主題來發布影片，從中看出受歡迎的主題
・「人物歸屬性高的帳號」不管發布什麼影片都會被接受，要以此為追求目標
・試著模仿熱門帳號的要素
・有時交給專家去處理，花費的總成本還比較低
・TikTok是「每次決勝負型」，YouTube則是「累積型」

第 3 章

以TikTok聚集人氣

要傳達給誰？
如何傳達？傳達什麼？

絕對要事先決定好的「三個方向性」

在開始經營TikTok時，先明確樹立目的和目標，非常重要。

尤其是企業以吸引顧客為目的而使用TikTok時，必須事前決定好影片的方向性或鎖定的客層。舉例來說，如果使用TikTok的目的是「雇用人材」，那麼就算一味的讓影片變得熱門，只要沒吸引想要的人物或年齡層前來，一樣沒有意義。

企業使用TikTok的情況下，最好先明確樹立以下的三個方向性。

① 使用TikTok的目的

② 想傳達到的用戶屬性

③ 目標年齡層

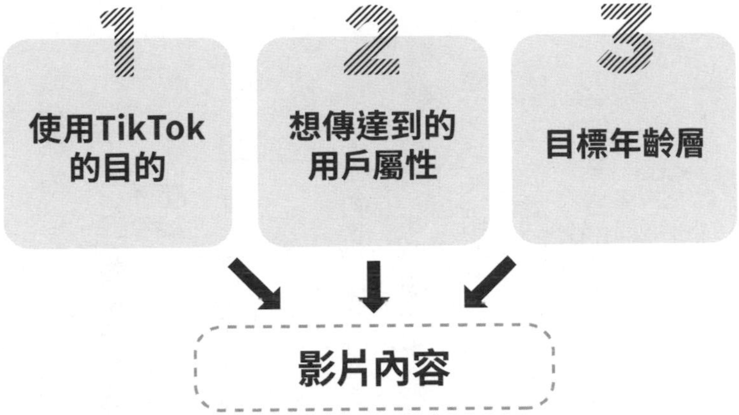

圖15. 確立好三個方向性後，再決定影片內容

所謂「使用TikTok的目的」是，對於為什麼想以企業的身分投入TikTok這件事追根究柢。

主要應該能舉出「吸引顧客」、「雇用」、「宣傳」、「販售」、「獲得認知」、「提升形象」這幾項。

如果目的是要讓看到TikTok影片的用戶自行前往店面，則目的就是「吸引顧客」。如果是想要讓觀眾對公司多一分了解，並主動前來應徵，則目的就是「獲得認知」和「雇用」。

隨著使用目的不同，發布影片的方針也會改變，例如「為了變熱門可以不惜代價嗎」、「基於保護公司形象的話有必要向外傳播嗎」等。這在決定TikTok帳號的方向性時，會是最重要的核心部分，所以要謹慎的決定。

接著是「想傳達到的用戶屬性」，指的是為了達成目的，應該得到怎樣的觀眾才好的方針。

用戶屬性有多種分類方法，可以做出像「高中生」、「大學生」、「新進員工」、「中堅員工」、「主婦」、「自由工作者」、「經營者」這樣的區分。

舉銷售育兒產品的企業為例，如果是以促銷為目的而開始經營TikTok，應該會希望能讓「主婦」這類育兒年齡層的群眾觀看吧。如果是企業想將TikTok運用在社會新鮮人的雇用上，那就一定得製作能讓「高中生」或「大學生」接受的影片才行。確定使用TikTok的目的後，接著要決定為了達成目的而要鎖定的用戶屬性。

最後的「目標年齡層」，指的是為了達成目的，該接近哪個年齡層才好所做的方針。

這會與「想傳達到的用戶屬性」有所重疊，但為了經營TikTok帳號，留意觀眾的年齡層非常重要。因為「容易引爆話題的內容」會隨著年齡層而改變。舉例來說，如果使用TikTok的目的是「雇用社會新鮮人」，那就會希望15歲到25歲的人可以觀看，不妨就像這樣，事前明確的訂出目標年齡層吧。

綜合考量「使用TikTok的目的」、「想傳達到的用戶屬性」、「目標年齡層」這3項後，為了不偏離方針，要好好思考影片的內容或訴求的內容。

看出「有持續性的主題」和「發布影片的模式」

決定好使用TikTok的目的，以及想傳達到的目標屬性和年齡層後，就要接著決定具體的影片內容。發布的影片**要挑選自己擅長，而且覺得歡樂的事物，或是可以長期持續，不會題材枯竭的主題，這點很重要**。

例如以嗜好當副業，同時投入多種副業的人，就能以教人如何經營副業的創作者身分，並有活躍的表現。相反的，如果是對副業完全不感興趣，也沒這方面經驗的人，就算勉強發布副業類的影片，也無法持續下去。發布的影片類型一樣得看合適與否。

TikTok的影片類型可大致分成「由人演出」和「非由人演出」兩大類。「由人演出」類的影片，又可細分成「演短劇」、「說話」、「跳舞」、「重現日常生活」、「共享難得的體驗」等類型。有人擅長以演出者的身分站在鏡頭前，也有人擅長不露臉、只用字幕呈現的影片。

不管是在哪種情況下，都要了解自己能勝任什麼，擅長什麼。就算現在TikTok上很流行，但不適合在影片中演出的人，就算拍了短劇也不會好看；而相反的，想光用文字和聲音拍攝影片，卻沒有這種天分的人，就算拍出像默劇般的影片，想必也沒什麼價值。

了解自己對什麼感興趣的同時，也要參考其他創作者發布的影片，並從中發掘適合自己的TikTok影片類型。

留意起承轉合，獲得用戶與AI的好評

留意起承轉合，可說是適用所有影片類型的**「熱門TikTok影片」祕訣**。

就像我前面一再說明的，TikTok的收看類型是在「為您推薦」中陸續跑出短影音，覺得無聊就跳往下一個。如果是具有良好起承轉合的影片，就能讓觀眾感興趣而一路看到最後。如果覺得有趣，就會按「讚」，給予好評，甚至會對你的帳號感興趣，而開始「關注」。

此外，觀眾一路將影片看到最後，這件事也會促成TikTok的AI給予好評。從中可以推測，TikTok的演算法是將觀眾長時間收看的影片判定為「好影片」，並顯示在眾多用戶的「為您推薦」中。

做好起承轉合的影片，用戶會一路看到最後，所以就結果來看，觀眾停留

的時間會拉長。觀眾停留時間長，AI就會給予好評，並以「為您推薦」的方式呈現給其他用戶看，進而再從中獲得停留時間，接著再介紹給其他用戶……就像這樣形成良性循環。

最後，影片以及帳號都變得熱門，就能更接近你想在TikTok達到的目標。從影片的開頭到結束，都要抱持著對故事負責的想法，去思考故事的切入和笑哏。

在此試著實際想一個留意起承轉合的影片範例。

假設有一家想在TikTok上雇用人才的公司，對於人才沒什麼要求，目的就只是想多找一些人來。

起：將履歷表上寫著「未錄用」的這部分放大，從這裡展開

作為切入畫面，首先從「未錄用」的文字占滿整個畫面的場面進入。觀眾會感受到未錄用的衝擊，並抱持「這是怎麼回事？」的疑問，繼續觀看影片。

視情況而定，也能從撕破履歷表的畫面切入，更具衝擊性。

承：一直都沒被錄用的求職者前往接受面試

接著是一位身穿西裝，前往求職的人物登場。「已經被好幾家公司刷掉……」一臉不安的模樣，意志消沉，從中明白在「起」這個部分出現「未錄用」三個大字的含意。影片切換成面試會場，求職者一臉緊張的開始說話。

轉：面試主考官以令人意外的態度說他錄取了

面對求職者的回答，主考官以開朗的態度回覆「錄取！」「可以明天就來上班嗎？」「位子也都幫你準備好嘍～」。如果採用這種「有話直說」的說話方式，會給人一種率真、溫柔的感覺。總之，給人的印象是「一切包在我身上」的正派公司，與求職者先前陰沉的印象截然不同。明明是公司的徵才面試，但就像在跟朋友說話般，告訴對方錄取了，這一點也頗具意外性。

合：介紹實際的徵才資訊

最後由公司正式介紹自己的徵才資訊。看影片的觀眾應該會產生「這是一家很溫柔的公司，就算是接連求職失利的人，他們也肯雇用」的印象。最後再以「大量雇用社會新鮮人！」、「歡迎在留言區詢問」做結尾，如此一來，對徵才感興趣的觀眾便會主動前來應徵。

冷門的影片，打從「開始的第1秒」就已失敗

我分析了TikTok的失敗影片，大多數「在開始的第1秒就已失敗」。在影片開始的第1秒，若對「接下來會發生什麼事」不抱持期待，則社群網站時代的性急觀眾馬上就會轉往其他影片。從人們那裡得到的評價不佳，則將評價轉化為數值之TikTok的AI也不會給予好評。

在製作TikTok影片時，**就像在四格漫畫的第一格決勝負一樣，不妨多花**

點心思，讓觀眾心裡想「怎麼回事？」、「想看下去」、「好像挺有趣的」。

以口罩的宣傳影片為例，單純只是播放口罩的畫面後就開始介紹功能的話，會顯得宣傳味過重，觀眾應該會馬上滑掉。如果是從用剪刀剪口罩的畫面展開，則**一開頭就帶有意外性**。總之，重點是**開始的第一秒就讓人產生興趣**。

此外，影片的結尾當然也很重要。哏帶有意外性或是收尾做得好，觀眾就會按「讚」。一旦對你今後發布的影片抱持期待，就有可能會「關注」。

以我獲得好評的影片「臉部滾輪按摩器的介紹影片」為例。一開頭就將臉部滾輪按摩器打馬賽克，營造突兀感，吸引觀眾注意。接著再提到「臉部滾輪按摩器其實沒有效果」，以化妝師的觀點說明知識。

當大家以為我會以否定臉部滾輪按摩器當結論時，最後我則是用一句「另外，這台臉部滾輪按摩器，我之前賣得超好」做結尾。此舉促成了「一邊否定商品，一邊推銷是吧」的哏，以及「不管怎麼講都能賣出商品的社長，真的很厲害」的評價，就此獲得約6000個讚。

以講出「不會冷場的話」為目標來想故事，這對不習慣的人來說是很辛苦的，但大家還是多試著用這種自虐的題材，為自己的影片做好收尾吧。

企業帳號應該發布的「五種」影片

在此試著思考企業實際運用TikTok帳號的情況。

前面提到過，就TikTok的基本原則來說，要鎖定在能獲得群眾認知的一種影片發布類型，且發布內容要具備起承轉合，尤其「起」要帶有震撼性。

而經營企業帳號時，基本上也是採取這樣的想法，但實際上若從一開始就鎖定一種類型，而且還要持續發布著重起承轉合的作品，真的很不容易。

如果認為每天或者每2天發布一次影片是最好的做法，那麼，每個月將需要15～30支影片。這似乎是很驚人的數量，不過，在經營企業帳號時，雖然得維持方向性的統一，但同時在類型上也具備某種程度的彈性。

以我實際企劃的企業帳號為例，大概是像以下這種感覺。

- 採訪影片：5支
- 服務介紹影片：5支
- 「起承轉合」影片：5支
- 在「#」中流行的影片：5支
- Vlog影片：5支

合計25支／月

所謂的採訪影片，是向社長、董事、部長、一般員工們詢問工作內容或日常生活，將他們說話的模樣拍成影片。

尤其是向社長詢問「當初為什麼會成立這家公司」或「今後的經營方針」這類的內容，向來觀眾的接受度都很高，而經營TikTok企業帳號的其他企業客戶也都會給予好評。

服務介紹影片，是介紹公司經手的服務和商品的影片。

也有單純只介紹商品功能的模式，不過，比較有效的是作成與商品結合的「知識介紹影片」。舉例來說，如果是投資公司就談「累積財富的方法」，如果是寵物店就談「一秒讓狗不亂叫」諸如此類的，每家公司都會有他們才有辦法介紹的相關知識。有用的資訊容易獲得關注，因此，要是能製作出活用公司特色的有用影片，便能發揮效果。

而「起承轉合」的影片，就像我前面說的，是對「起」投注心思，帶哏的影片。

照理來說，應該全部都作成起承轉合的影片，但每支影片都要有哏，有點不切實際。只要25支影片當中摻雜大約5支這樣的影片就沒問題了。

在「#」中流行的影片，指的是跟上TikTok影片中用到的「主題標籤」，發布相關的影片。

在TikTok底下，時常會根據「主題標籤」而興起內部題材的一股風潮。營運者有時也會特別準備名為「主題標籤挑戰」的影片主題。不管怎樣，跟上流行比較容易產生話題，所以在不會損及企業帳號形象的範圍內，最好還是發布流行的相關影片。

Vlog影片是被稱為Video Blog、Video Log的影片類型。

主要是幫平日常見的景象加上新潮的背景音樂或搞笑的展開拍成作品。如果是企業帳號，像「社長的日常」、「部長假日遊玩的模樣」、「歡樂的公司內部實況」都會是可用的題材。對於不了解公司或是對公司抱持死板印象的人，可發布影片讓他們明白「原來大人物也充滿人味呢」或「這家公司的氣氛好像不錯」。能近距離感覺到各種人的日常生活，是TikTok的一大強項，同時也是觀眾想要的要素，所以就算是企業帳號，最好也要積極的發布Vlog影片。

負責經營企業帳號時，要事先決定好以上這五種類型，再進行攝影和發布影片。

最初的企劃和方向會嚴重左右帳號的展現成果，另一方面，一開始就完美預測怎樣的影片會變得熱門是不可能的。在發布影片的過程中，會逐漸明白怎樣的影片接受度高，怎樣的影片接受度差，不妨將接受度高的影片拍成系列，接受度差的影片排除在拍攝名單外，一步步提升帳號的品質吧。

想當作範本的TikTok熱門帳號

前面介紹過「發布這樣的影片準沒錯」的影片類型，但我想，還是會有很多人無法具體明白到底是怎樣的影片。因此，接下來我會一一介紹自己平日使用TikTok時發現的幾個熱門帳號以及持續成長中的帳號。

這些成功的帳號，光是欣賞便覺得有趣（就是因為看了覺得有趣，所以才成功），而對於本身同樣也在經營TikTok的人來說，更是有許多值得學習的地方。我歸納了各個帳號的特色和熱門的原因，提供給想研究TikTok的人參考。

尤其是想「雇用」員工的企業，更應該研究那些感覺在「雇用」方面很成功，與自己的目的相近的帳號，這樣更能看到效果。

例1

- **三和交通@TAXI公司（@sanwakotsu）**
- **粉絲數：約13萬人**
- **總按讚數：約190萬個讚**

三和交通是總公司位於橫濱的一家計程車公司。

取締役部長溝口孝英先生與代理課長森嶋幸三先生這兩位男士繫著獨特的短領帶，跳著滑稽舞蹈的影片相當有名。在年輕人之間引發話題，稱呼他們是「TikTok的搞笑大叔」，走在街上還會有人主動攀談。企業形象跟著提升，也有人透過TikTok說「想要應徵」，就此促成新人雇用的案例也增加。

三和交通的帳號會變得熱門的原因，在於演出的兩人所具有的藝人特質，以及可愛的「傻氣」影片。那光看就讓人感到療癒、歡樂的個人特質，可以說是一種才能，就算想模仿也模仿不來。要是在公司裡發現了有這種才能的人才，不管是哪家公司都應該積極的請對方在社群網站中演出才對。

▲三和交通@TAXI公司
（@sanwakotsu）
充滿喜感的跳舞影片，在年輕人之間擁有超高人氣

除了跳舞影片外，他們還推出「試吃超辣食物」、「試當大富翁」等等和計程車無關的影片，這也是重點。想必他們是藉由顛覆計程車公司「死板」的印象，以及取締役部長、代理課長等職位給人的「一板一眼」印象，才得以獲得如此廣大的好評。

在TikTok的世界，以大眾化的方式表現出個人特質或日常生活，來改變世人平時所抱持的印象，有這樣的動機或許也很重要。

例2

- さいこぱすかる（@psychopathcal）
- 粉絲數：約36萬人
- 總按讚數：約1100萬個讚

さいこぱすかる是位於神奈川的一家專門處理機油、汽車商品、機車商品等的機油更換專賣店的帳號。

由社長兼店長的男性以及女性員工，以店內當舞台，發布歡樂的Vlog影片。「有趣的社長與可愛的打工女孩組成的一家店」就此成為話題，似乎也有人看了TikTok之後，到店裡去朝聖。

聽說影片內也曾公開徵才資訊，並透過TikTok促成員工的錄用。就商業方面來說，這可說是在「招攬顧客」和「員工雇用」應用上很成功的帳號。

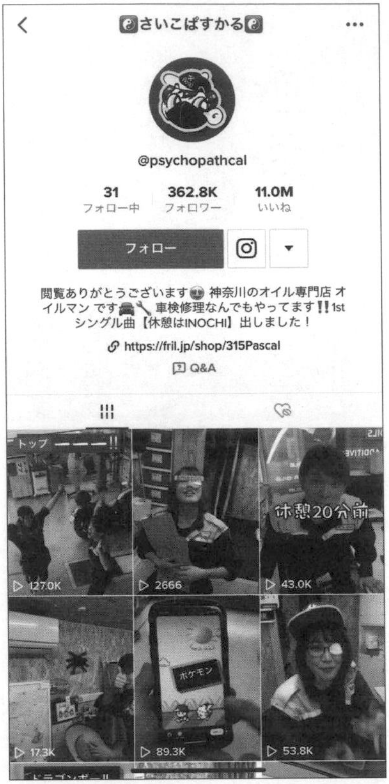

▲さいこぱすかるこ
（@psychopathcal）
有趣與實務面兼具，店家所追求的理想帳號

而它擁有高人氣的原因，在於社長的個人特質，以及連打工的女孩也一同融入其中的店內和諧氣氛。那看了讓人忍不住笑出來的搞笑短片、朝會、休息模樣等的Vlog影片，光是用看的都能得到滿滿的活力。

基本上以惡搞類內容居多，不過當中也有提出很正經問題的影片，例如「一份是做得有意義，但薪水低的工作，另一份是做得沒意義，但薪水高的工作，要選哪個好？」「應該和年收入高的人交朋友嗎？」「年薪800萬日圓以下的人是社會的負擔？」，他們也都以夾雜幽默的方式做出完美的回答。

以風趣和搞笑賜給人們活力，同時也顧及了招攬顧客和員工雇用的實務面，因此，さいこぱすかる可說是「店家」所追求TikTok帳號的理想形象。

例3

・鳥羽View Hotel花珍珠（@tobaview）
・粉絲數：約3萬7000人
・總按讚數：約58萬個讚

鳥羽View Hotel花珍珠，是一家位於日本三重縣的溫泉旅館。上從老闆娘，下至個人色彩強烈的員工們，都會發布跳舞影片。看了跳舞影片後，除了會對員工們產生一股親近感之外，充當攝影地點的旅館也經常入鏡，讓人對旅館也產生興趣。

由於影片中有很多外型搶眼的員工，所以應該也有人是抱持著「好想見見那個人」的動機而親自到旅館來。這個帳號可說是充分活用了TikTok「任何人都能當藝人，擁有自己粉絲」的特性。

若以商業的層面來看，這可說是在「招攬顧客」和「員工雇用」方面相當成功的帳號。發布跳舞這種大眾化的影片，藉此顛覆老牌溫泉旅館「中規中矩」的印象，這也是鳥羽View Hotel花珍珠值得矚目之處。

或許有人會擔心「老牌旅館的形象會不會崩毀？」，但甘冒風險仍舊持續發布影片，就此產生良好的新形象，獲得全新的粉絲，堪稱是成功案例。

▲鳥羽View Hotel花珍珠（@tobaview）
外型搶眼的員工跳舞的影片充滿魅力

例 4

- KOMA醬（@koma1202）
- 粉絲數：約16萬人
- 總按讚數：約220萬個讚

KOMA醬是從事網站製作的Liber股份有限公司的董事長。溫柔的笑容是他的特徵，是社長類TikToker的代表人物。發布的是「向社長問問看」的採訪類影片。

在社長類TikToker當中，也有人會刻意發布「年收入低的人是社會的負擔」或「低學歷的人沒用處」這種內容的影片，走引發網路論戰的路線，但KOMA醬不會使用這些激進的言行，而是採取溫柔社長的正統派路線。

像「最希望要求員工做到哪一點？」與「若要社長以3萬日圓賣出免洗筷？」這類和社長有關的對話不用說，其他也會上傳像「怎麼看待賭博欠債的人？」以及「你認為寬鬆世代很失敗嗎？」這類的時事和社會性話題。

採訪類影片的強項在於，不光與「社長」本身的屬性有關，如果因此有了人氣，就能無限的增加話題。

從利用TikTok的商機這個層面來看，對於公司知名度的提升以及網站製作案件的訂單承接都似乎派上了用場。

▲KOMA醬（@koma1202）
待人客氣又溫柔的社長影片，充滿魅力

例 5

- **請告訴我！南原會長！（@tatsukinambara）**
- **粉絲人數：約3萬9000人**
- **總按讚數：約30萬個讚**

「請告訴我！南原會長！」是一個發布日本實業家南原社長採訪影片的帳號。

南原社長是LUFT控股股份有限公司的代表取締役，2000年代初期曾參與當時流行的電視節目《¥金錢老虎》的演出，在日本為眾人所熟知。

發布影片的模式是對南原社長進行訪問並且讓社長回答問題，這種社長類TikToker的正統風格。內容也是像「如何賺100億日圓」和「南原社長原本的住家大公開」之類，都是與社長有關的內容。

青汁王子三崎優太先生也會參與演出，可從中看到充分發揮社長人脈拍攝的影片。與名人一起合作，或是與TikTok內具有影響力的人一起在影片中演出，這也都是TikTok強而有力的一種影片架構。

像南原社長這種已具有知名度，或是被稱作名人的人物，現在都陸續加入TikTok。這證明TikTok身為次世代的社群網站，逐漸獲得認同。

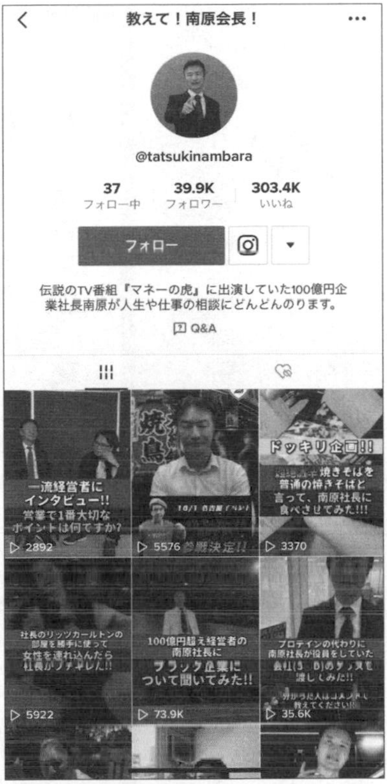

▲請告訴我！南原會長！
（@tatsukinambara）
回答與社長有關的各種提問，這種影片相當獨特

例6

- 100天後開幕的咖啡店（@imaw.o）
- 粉絲數：約1萬9000人
- 總按讚數：約32萬個讚

100天後開幕的咖啡店，是將老舊民宅重新裝潢開店的過程公開在網路上的TikTok帳號。

發布的影片主要以翻修老舊民宅，準備開店的內容為主。由社長（＝咖啡店店長）和部屬（＝儲備員工）們共同演出。

「100天後〇〇」是模仿在Twitter上一度很流行的《100天後會死的鱷魚》所想出的帳號名稱，就此在TikTok上形成一股熱潮。《100天後會死的鱷魚》是漫畫家菊池祐紀的作品，描述一隻確定100天後會死的鱷魚日常的生活點滴。每天在Twitter上發文，「離死亡還有〇天」這樣的實況報導，吸引許多Twitter用戶的關注。

而100天後開幕的咖啡店也一樣，以「離開幕還有〇天」這樣的形式每天發布影片。

「老舊民宅翻新，不知道是怎樣的感覺」、「開業應該很辛苦吧」對此感到好奇的用戶，應該就是最早會關注的粉絲吧。將店面逐漸成形的模樣公開在網路上，觀眾看了自然會產生一股想為他們加油打氣的情感。

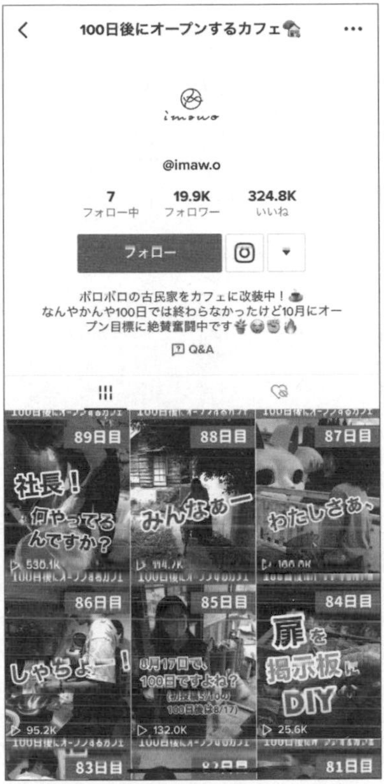

▲100天後開幕的咖啡店（@imaw.o）
上傳咖啡店開幕前的模樣，刺激觀眾「想加油打氣的情感」

只要店面開幕，想必TikTok的粉絲也會親臨店面，能以很自然的方式促成招攬顧客的目的。

當TikTok作為商業類社群網站，普及到人們都很習以為常的程度時，想開餐飲店的人以TikTok帳號發布「100天後開幕的○○」這樣的影片，或許會成為一種趨勢。

使用主題標籤的促銷案例

前面介紹了一些個別的企業帳號，不過，也有有效使用主題標籤進行促銷，就此引發話題的企業。就是全球最具規模的化妝品公司——萊雅集團的日本法人，日本萊雅股份有限公司。

萊雅集團推出化妝品品牌「Maybelline New York」，於2020年3月發售Maybelline的新產品時，就是透過TikTok進行促銷。

具體的促銷內容是展開名為「#不掉色唇膏大挑戰」的主題標籤挑戰。

這是能夠發布活動專屬影片的企劃，用戶只要使用指定的特效，唇膏顏色就會陸續改變。使用這項特效發布的影片，就像使用了Maybelline新商品的成果展示一樣，看過的人會因此提高購買意願。

它的特別之處在於萊雅是同時在亞洲6個國家展開這項「#不掉色唇膏大挑戰」。

配合Maybelline的新產品在全球販售，「#不掉色唇膏大挑戰」也在日本、新加坡、馬來西亞、印尼、泰國、印度這6個國家同時舉辦。事實上，如果查看TikTok內的主題標籤會發現，就連亞洲以外的其他國家也有很多人發布這項影片。

短短6天之內，指定特效的使用次數超過15萬次，約有9萬人參加。

要像日本萊雅這樣舉行全球同步展開的活動，或許難度頗高，不過，他們充分了解TikTok不僅局限於日本，而是與全世界緊緊相連的社群網站，並活用其特色，堪稱是企業促銷的成功案例。

使用推廣功能，將影片送到更多人面前吧

TikTok的「推廣」功能，能透過計費的方式將影片送到更多觀眾面前。

最理想的情況當然是不花一毛錢，就可以經營出魅力十足的帳號，影片也逐漸變得熱門，不過有些情況下，使用推廣功能來傳播會比較好。

此外，在推廣功能下，能貼上「連結」將觀眾引導向網站，或是以精準定位將影片傳送給特定屬性的用戶，具有一般的發布影片辦不到的功能。

這功能如果能加以活用會相當方便，所以請務必進一步了解，善加使用。

先來看推廣功能，不論是一般帳號還是企業帳號的用戶都能使用。

不過，影片資料的分析還是以企業帳號的性能比較好，而且預料今後也會

安裝適合企業帳號的便利功能。我在第2章也做過解說，可從我的頁面右上方的選單進行選擇，不妨先更改成企業帳號吧。

接著是依序決定推廣的細目。

大致流程是「決定想宣傳的影片」、「決定想傳送的目的和屬性」與「決定金額」。

要使用推廣功能，可從我的頁面右上方的設定，或是各影片的設定（都有3條平行線的標幟）選擇「推廣」，不過，不論是從哪裡點進去，流程幾乎都一樣（參照P118「推廣的設定方法（1）」）。

如果是從我的頁面點進去，就需要選擇「要推廣哪支影片」這個步驟。

如果從各個影片的設定選擇「推廣」時，這支影片就會成為推廣的對象。

決定好想宣傳的影片後，接著要決定「想傳送的目的和屬性」。

◀推廣的設定方法(1)

①點擊我的頁面畫面右上方的3條線

②點擊「創作者工具」

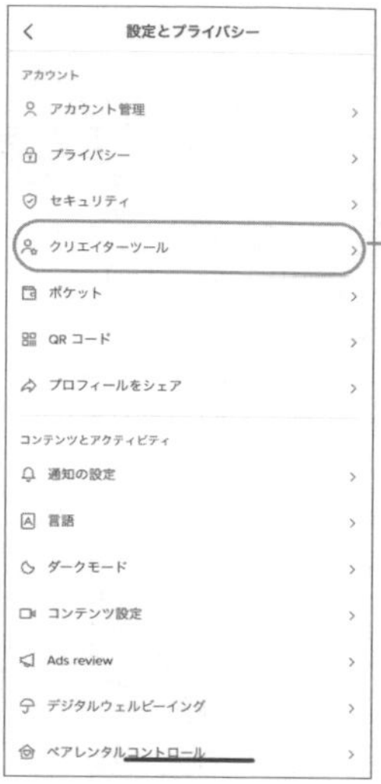

上面會顯示「目的是什麼？」、「請選擇收看者」的選擇項目，請照指示選擇（參照P120「推廣的設定方法（2）」）。

目的有「增加影片觀看次數」、「增加網站造訪數」、「增加粉絲數」，選擇增加網站造訪數後，就能貼上網址。從觀眾的角度來看，影片上會顯示「看更多」，處於可以引導至其他網站的狀態。在一般的發布影片下，無法貼上網址，所以這可說是推廣功能特有的優點。

這裡的收看者指的是影片的觀眾，選擇「自動」後，TikTok會自動設定，將

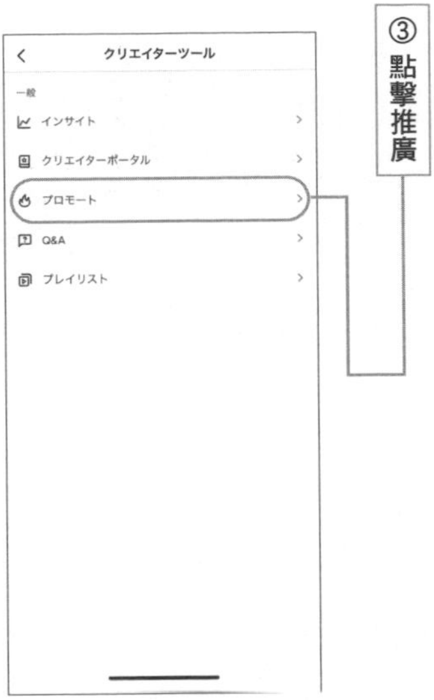

影片傳送給各種用戶。若是選擇「客製化」，則能自行設定性別、年齡、觀眾的興趣、關心的事物。

舉例來說，你可以設定成希望影片傳送給「女性、25～34歲、對化妝感興趣的人」。已經決定好明確想傳送的屬性時，不妨試著從「客製化」進行設定。

不管是哪一種情況，都已經備好選擇項目，只要加以點選即可輕鬆設定。

最後要決定投注在推廣上的費用。

費用大致是由「一天的預算」和「傳播期限」來決定。

◀推廣的設定方法(2)

⑤設定目的

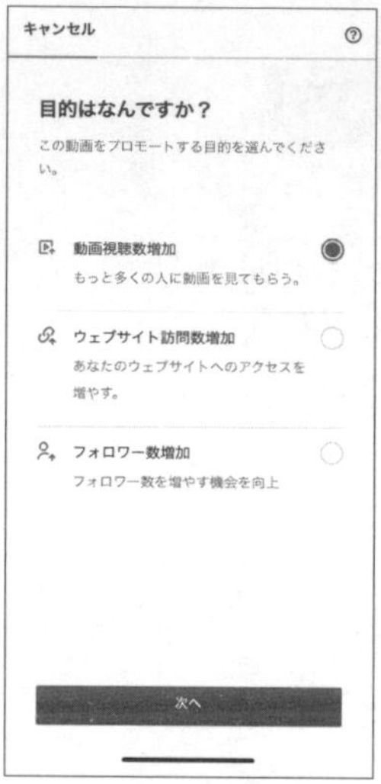

⑥設定收看者
能由TikTok自動設定

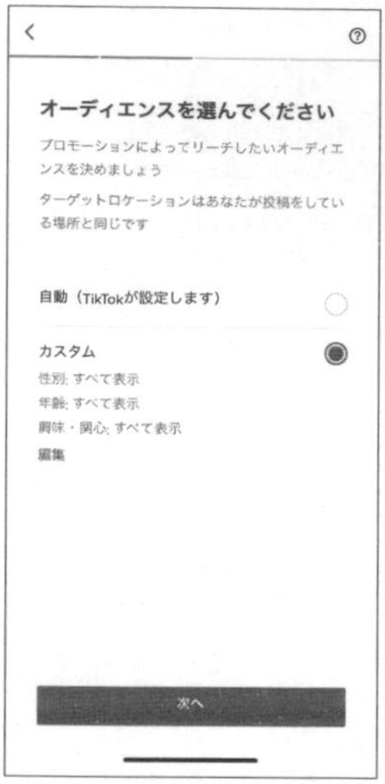

如果1天的預算是1萬日圓，則傳播3天一共需要3萬日圓。

1天的預算愈多，就能傳播給更多人看，而期限愈長，就有更多人看得到。

以日本版而言，1天的最低預算約300日圓，所以也能從較低的金額嘗試看看。

價格是以TikTok內的「Coin」來標示，必須登錄信用卡才能結帳（參照P122「推廣的設定方法（3）」）。

此外，要以推廣的方式傳播影片時，會對影片進行審查。當影片被認定內容不

⑦自行設定收看者時，要在這裡做細部設定

當時，就無法向外傳播。

費用決定好之後，就會進入影片審查，如果沒問題，便會開始推廣。

最後，從觀眾的角度來解說所看到的推廣影片。

通過審查，以推廣的方式傳播的影片，會在TikTok一般影片之間的空檔播放。

TikTok的特色就是滑動影片，陸續往下收看，而在滑動時，偶爾就會播放「推廣」的影片。

解說欄會有「推廣」的標示，不過乍

◀推廣的設定方法(3)

⑧在這裡設定決定預算的「一天預算」與「傳播期限」

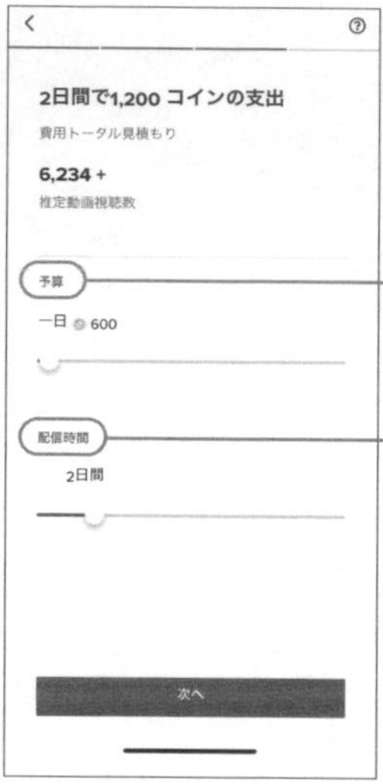

⑨所有都設定好後，點擊「開始推廣」

看不容易發現，觀看推廣影片時感覺就像在看一般影片。

這樣的設計不太會給人廣告或宣傳的感覺，如果內容有趣，觀眾便可以很自然的接受。

此外，推廣影片的解說欄以及影片播放完畢時，還會顯示「看更多」的選項。

這是廣告主以「增加網站造訪數」為目的時所顯示的項目，對推廣影片感興趣的觀眾能主動連結網站。

TikTok會根據AI的判斷，播放你會感興趣的影片類型，所以就算是廣告影片，往往也都是你容易感興趣的影片。我敢說，與之前只會一味宣傳的行銷方式相比，這些推薦的網站有更高的機會能促使觀眾造訪。

讓TikTok「變熱門的秘技」

社群網站帳號最正統的用途就是要讓群眾知道店家的優點，以促使顧客前來光臨。因此，首先要提高收視維持率、引爆話題，促成眾人的造訪，部分手法或許有點邪門歪道。但不論好壞，這些方法確實有效，這也是不爭的事實。

曾經營過所謂官方帳號的朋友，是否有人曾經抱著「這次一定要成為熱門影片」的期待而發布影片，卻都沒人看，感覺無比心酸？這我懂。其實，以TikTok而言，想讓觀眾長時間看影片，也就是提高收視維持率，得到眾人的好評，讓影片「變得熱門」，背後存在著一些小技巧。

引發注目的技巧，像流水一樣時興時廢，而且也會受時機所左右。不管怎樣，這已逐漸淪為一種小聰明，所以不適合在這裡介紹。這個領域始終都要掌握住「影片的趣味」、「方針」、「簡單易懂」幾個基本原則，也是最後應該去思考的事項。

不過，以手法來說，這確實是很方便好用，所以在此介紹我自己在使用TikTok的過程中所發現的「訣竅」。

第一個祕技，是**「只讓長文短暫出現一下」**。

將一次無法看完的文章占滿整個畫面，這時，觀眾會產生「到底寫了什麼」的疑問。因而停住影片細看上面的文字，或是仔細聽之後的說明，結果就會讓觀眾長時間停在這支影片上。

這看在TikTok的影片評價ＡＩ眼裡，會給予「有許多人長時間停在這支影片上」的評價，就此容易獲得好評。如果你有內容想傳達給觀眾，不妨試試在影片的一開始「短暫的出現占滿整個畫面的長文」這個小技巧。

下一個祕技，是**「答案在評論欄內」的發布模式**。

這是知識類的影片發布者常見的發布手法，一開始先說明觀眾會感興趣的內容，答案事先準備好放在評論欄裡，以此引來觀眾的興趣。

或許各位都曾看過，例如「我做副業賺進100萬日圓」、「方法寫在評論欄裡」之類的做法。讓觀眾在評論欄裡找尋答案，使影片的停留時間拉長，就容易讓TikTok的AI認為是「長時間停留的影片」並給予好評。

此外，也能利用「只要關注影片發布者，答案就會出現在評論欄最上方」的機制，做出「如果想知道答案，請關注我，然後看評論欄吧」這樣的引導。這樣不僅能提高收視維持率，還能引導觀眾加關注，堪稱是一箭雙鵰的手法。

要說使用這個方法的缺點，則是將回答往後延會占用觀眾的時間，形成所謂「乍看之下一頭霧水」的狀態，恐怕會讓觀眾留下不好的印象。換句話說，如果你甘冒被觀眾討厭的風險，也想取得影片的停留時間或是粉絲數時，這是值得一試的手法。不過這個方法也並非萬能。

最後一項技巧，是**「搭上TikTok指定的類型」**的手法。

就我以往的經驗，TikTok設定了「跳舞類」、「寵物、動物類」、「學習類」等的重點類型。感覺像是**TikTok為了充實內容，「想讓這個領域成長」所指定的「強化領域」**。

依這些領域發布的影片，對你來說是想要對外傳播的影片，對TikTok來說也是它們想傳播的影片。因此，TikTok會想積極的對外傳播你的影片。

以下雖然只是基於我個人經驗法則所導出的預測，或者應該說「感覺TikTok特別強化這些領域」，但我猜TikTok可能備有左方這些類型。

- 跳舞類
- Vlog類
- 搞笑短劇、搞笑絕活類
- 可愛、性感類
- 寵物、動物類

・學習、技藝類
・突發事件、獵奇類
・運動類
・商品介紹類
・時事、新聞類

如果再進一步細看會發現，學習、技藝類當中還可分類成「料理」、「DIY」、「健身」、「化妝」、「社群網路運用」，而商品介紹類則還可以分類成「不動產」、「餐飲店」、「有形商品」及「無形商品（服務）」。

搞笑短劇、搞笑絕活類當中，則似乎有「魔術」、「表演」、「模仿」、「配音」等分類。

發布影片時，留意這些正好合適的「領域」，自己主動搭上傳播的機制，這也是一項技巧。

在傳播出去之前，反覆嘗試就對了

要怎麼做，才能讓許多人看到你的影片，在前面的介紹中我已經夾雜了幾個實際的帳號範例。我所想的「熱門」戰略，就方向性來說確實正確無誤，這點我可以很有自信的向各位介紹，但另一方面我也明白一件事實，並非所有人的所有影片都能變得熱門。第一支影片就想一炮而紅，更是難上加難。

我自己的TikTok影片也不是打從一開始就博得好評，是經過反覆嘗試且一再失敗後，才為自己的帳號建立起今天的樣貌。在社群網站上想要一次就成功，即便是極為敏銳、無比優秀的人，也很難辦到。

就算一開始影片不好笑，表現不如預期，也要視為理所當然的接受它，持續發布影片。尤其是**最早的10～20支影片，表現不好也是理所當然**。有許多人

圖16. TikTok的PDCA循環

Do
實際發布影片
Plan
預測怎樣的影片會有好表現
Check
驗證觀眾對影片的反應
Action
改善影片內容

在這個階段便一蹶不振。相反的，**正因為沒在這個階段一蹶不振，才能比那些人爬得更高**。

「只要反覆努力，終能成功」，這個想法不只局限在TikTok或其他社群網站，或許能套用到所有領域上。我所尊敬的那些成功的經營者，也常說「在成功之前，只要反覆努力即可」。就算影片表現不好，也不會要了你的命。只要別一蹶不振，就能一再挑戰。TikTok的影片也一樣，一開始就是先收集資料，先抱持這樣的想法，就算表現不好也別氣餒，繼續發布影片吧。

此外，在反覆挑戰發布影片時，重點在於要抱持著目的或假設來挑戰。有一種推動計劃的知名方法，名為「PDCA循環」。這是Plan（計畫）→Do（實行）→Check（評價）→Action（改善），取其開頭字母來命名，不論是運動、經營或是要達成個人目標，在各種情況都會留意這樣的循環。

在TikTok方面也一樣，必須先預測「怎樣的影片可能會有好表現」，再實際發布影片，驗證觀眾的接受度高不高，這樣的循環不可或缺。影片的主題和內容也是如此，甚至連說話方式、字幕的標示、聲音等對所有要素都要留意，讓PDCA循環好好運作吧。

用1個月的時間增加TikTok粉絲的方法

其實我在寫這本書的時候，我的TikTok帳號粉絲數從4・7萬人增長成14・5萬人，短短1個月增加了約10萬人，所以想在此告訴各位我使用的手法以及當時的想法。

2021年9月，有好幾篇和我本身「運氣」有關的影片，例如「我從小就運氣特別好」、「我討厭的人常會遇上不幸的事」、「知名的占卜師說我有最強的守護靈」等都變成熱門影片。

我在製作這些影片時，心裡特別留意的是「觀眾看影片的停留時間愈長，按讚數和留言數愈多，愈能獲得AI的好評」這個TikTok的基本原則，以及使用TikTok直播功能的這2項應用小技巧。

像下述這類的影片會從AI那裡獲得好評（應該吧），而這也是TikTok的基本機制，就像我前面所說的一樣。

- **觀眾看影片的停留時間長**
- **按讚數多**
- **留言多**

・分享多

我再重申一遍，一旦獲得AI的好評，就會顯示在眾多用戶的「為您推薦」欄上，如此一來，閱覽數和好評會愈來愈多，形成所謂的「熱門」狀態，所以影片發布者應該要特別留意「盡可能讓觀眾停留在影片上，盡可能多獲得一些讚和留言」，關於這點我也已經在前面提過。

這次要介紹的一連串和「運氣」有關的影片，其實也是半刻意的為了滿足上述條件而創作。

為了讓觀眾想繼續看影片，不要馬上滑開，我特別留意安排「起」，讓影片有明確的起承轉合，然後配合TikTok，以不會過長、也不會過短的影片長度來談這件事。舉例來說，就像這種感覺。

影片範例

起：我從小運氣就很好，覺得很不可思議。
承：之前我和某位有名的占卜師一起共事時，
轉：他對我說：「妳身上的守護靈是最強的，而妳也一樣，打從出生前就已經是最強的了」，
結：我腦中就此浮現《咒術迴戰》裡的五條悟。
（※《咒術迴戰》是人氣漫畫、卡通。在TikTok內也常會用到它的主題曲。）

還進一步寫到「關注我帳號的人跟我說，有好運降臨在他身上」、「好運還沒降臨的人，請試著將你想實現的願望寫在評論欄裡，分享這支影片吧」，直接試著引導觀眾「關注」、「留言」及「分享」。

我請觀眾留言的影片，獲得1萬2000多個讚，7000則左右的留言、5000多次分享，成為一支熱門影片。

另外，為了謹慎起見，在此要先聲明，我前面提到占卜師說我是最強的

人、我討厭的人常會遇上不幸的事、幸運降臨在關注我的人身上等等，這全是實話。而像「如果你不分享，不幸就會降臨」，這種宛如靈異經商法的話，我當然不會說。

例如有人發現四葉幸運草後，幸運就此降臨，或是你如果欺負別人，有天也會報應在自己身上，這始終都是「※個人感想」。請把它當作是占卜的幸運道具看待。

接下來在這次的影片中，不光要掌握住TikTok的基本原則，還會運用直播功能，展開應用篇。

具體來說，這是「發布影片1個小時後採用直播」的小技巧，可期待它發揮下述的效果。

它的第一個效果，是曾經發布的影片會比較容易出現在「為您推薦」。

此件事雖說官方並未公開發表，不過以我個人的經驗，在我直播的那段時間，過去發布過的影片感覺上有成長的趨勢。

在進行直播時，各個影片的圖示都會改為「直播中」。用戶看到直播中的圖示就會心想：既然現在正在直播，那就去看看吧。

TikTok在營運方面，會想讓各個影片↓直播的流程變得更加活潑，因此我猜測TikTok很可能會搭配這樣的演算法，讓直播中的發布者影片有更多曝光的機會。

我曾經試著實際在發布影片的1小時後進行直播，結果事先發布的影片也隨之成長。

它另外還有一項效果，那就是能在直播時宣傳帳號。具體來說，最多可同時與800多人連線。

有人問，直播時都在做些什麼，其實不外乎是宣傳帳號或請人加關注。

換句話說，我在前一頁所寫的預測如果正確無誤的話，直播中的帳號影片比較容易出現在「為您推薦」上，而看了直播之後感興趣的人也會關注帳號。彼此能得到相乘效果。

隔著螢幕直接請觀眾加關注，有別於錄影、編輯的影片，會讓觀眾從不同的角度產生興趣。這種宣傳方式感覺能獲得相當高的成效。

就像這樣，事先發布的影片變得熱門→直播來了許多觀眾→請觀眾加關注→被AI認定是熱門的創作者→影片進一步傳播開來，就此形成良性循環，有時光一天就增加2萬8千名粉絲。

容易受關注的影片發布，搭配上之後的直播，我認為這就是1個月內獲得將近10萬粉絲數的祕訣。

各位也要好好掌握基本原則，不斷創作出能形成PDCA良性循環的熱門影片吧。

第3章歸納

- ①運用目的、②想傳達到的用戶屬性、③決定目標年齡層
- 挑選自己可以快樂持續下去的主題
- 影片要留意「起承轉合」
- 總之，「開始的第1秒」要讓人產生興趣
- 留意PDCA循環，在成功之前反覆努力

第 4 章

以TikTok讓商品熱賣

要怎樣讓聚集來的人們掏錢購買？

一味的宣傳會造成反效果

不光是TikTok，社群網站在全世界都漸漸成為必備工具。有人潮的地方就會有商機，所以許多企業、個人都以社群網站當作商場，積極想展現它的效果。

結果造成社群網站上每天都出現大量的宣傳和廣告。知名網紅在日常生活中的一幕場景，乍看不像是宣傳，但其實是企業希望民眾評價商品所做的隱形行銷（隱藏宣傳事實的企業案件）。

正因為處在這個視大量宣傳為理所當然的社群網站時代，所以**觀眾對於「宣傳」這件事非常敏感**。

舉例來說，應該很多人都對於觀看YouTube影片時插播的廣告感到煩躁吧。YouTube甚至為了不想看到這種宣傳的用戶，展開以月費制刪除廣告的服務（身為承包廣告宣傳的媒體，這當中存在著結構性的問題，不過在此先省略不談）。

人們希望社群網站提供的是優質內容、喜歡的發布者之日常等的「主動想看的內容」，而非明明不想看，卻被擅自塞入的企業宣傳。**要是一味傳播宣傳廣告，非但不能引起關注，甚至會讓人產生「煩人的宣傳」的壞印象。**

以「不管放什麼內容都能被接受」的狀態為目標

那麼，在這種狀況下，何種形態的宣傳才更能被觀眾接受，得到好評呢？

對此，我想出了兩個方向性。

一是**「提高人物歸屬性」**。

我先前就曾經提過好幾次，能讓人對社群網站的帳號感到念念不忘，或是覺得「因為是這個人的影片，所以想看！」，我稱之為「人物歸屬性高的影片」。**是「因為內容和這個人有關，所以想看」的動機所造就出的狀態。**也可

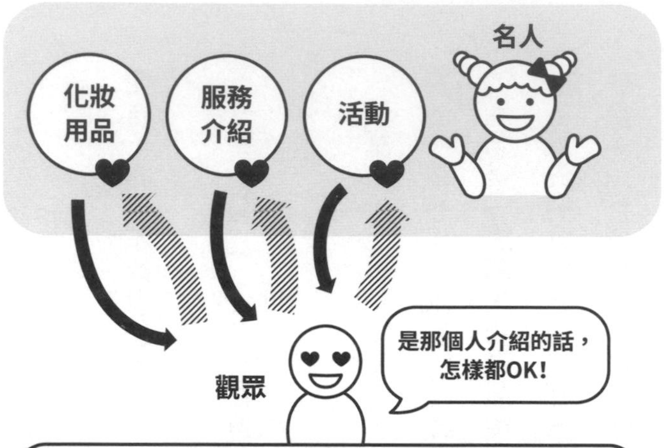

圖17. 只要「人物歸屬性高」，不管宣傳什麼都OK

說是「比起內容的品質，更重視是誰產出的內容」的一種狀態。如果用行銷術語，也可說這是顧客忠誠度高的一種狀態。

對於高度感受到信賴和忠誠心的帳號，觀眾會處於一種**「不管他做什麼都能接受」的狀態**。希望各位想像一下有名的音樂家或知名的YouTuber，他們擁有大批粉絲，每次發文都能大獲好評。

就算他們介紹商品，只要不是與本身的形象落差太大、有詐欺嫌疑的可疑商品，粉絲應該大多還是能接受。**「人物歸屬性高」的狀態，可說是想展開宣傳的影片發布者所追求的最終形態之一。**

以「不像宣傳的宣傳」來迴避宣傳過敏

另一個容易讓觀眾接受的宣傳方向性，是作成「讓人感覺不出來是宣傳的宣傳」。現今這個時代，觀眾對宣傳很敏感，除了想看的內容外，一概都想避開，所以得看準**「雖是廣告，卻是想看的廣告」**或**「內容本身很有看頭的廣告」**，以此進行創作。

在前面已經提過，現今在日常生活中都曾接觸大量的廣告和宣傳，觀眾對於有「廣告感」的宣傳會表現出排斥的態度。因此，這時候**得作出「不像宣傳的宣傳」**，讓那些已經看膩了一般宣傳的用戶眼睛一亮。

舉例來說，大型電信業者軟銀在電視廣告上播出「白戶家」系列。這系列廣告以白狗的角色「爸爸」為首，啟用知名藝人和運動選手，描述虛構的一家人日常生活的點滴。其構成是將宣傳特有的「功能介紹」、「活動通知」之類的場面減至最少，短時間就更新的故事以及每一次的登場人物，都讓人在不知不覺間在意起它的後續。

就像軟銀的電視廣告，宣傳成了一部作品，讓人看得津津有味也是宣傳的一環，這可說是宣傳的理想形象。在TikTok上製作宣傳影片時也一樣，極力降低宣傳感，以呈現出「不像宣傳的宣傳」為目標，就應該會奏效才對。

儘管熱門，東西卻賣不出去

以為只要能變得熱門就好，這是影片發布者容易深陷其中的錯誤。

「單純想當嗜好，增加粉絲人數」、「我只想提高知名度，好運用在偶像活動中」若符合這些情況的話那或許就無所謂，但**如果是像企業帳號那樣，抱持某個目的而想運用社群網站時，光只是變得熱門，效果還是很微弱**。

舉例來說，TikTok上的熱門帳號中，有一種名為「破天荒」的影片類型，專門上傳道具搞笑或有趣動作的影片。

他們不發出聲音，以有趣的表情或誇張的演出，成功吸引了許多觀眾，但如果他們想「介紹商品」，突然開始宣傳起商品會有什麼後果？之前從沒說過話的帳號人物，突然開始介紹起商品的功能，想必感覺很突兀吧。更何況是在聽到「請買點什麼吧」、「請開始使用這項服務」這類的宣傳，觀眾會對原本印象的改變感到不知所措，而大感掃興吧。

以「破天荒的影片」匯聚頁面瀏覽量，也可說是一種成功，但如果換作「想介紹商品」、「想宣傳企業案件」時，儘管身為一位如此能吸引粉絲的人物，但之前的人氣並不能完全轉換成數字照單全收。換句話說，為避免日後哪天想賣商品時傷腦筋，**為了銷售商品而開設的帳號，必須經過事前的設計**。

打從一開始就設計「商品專精型帳號」

在此要解說，該怎麼做才能建立「讓商品熱賣」的TikTok帳號呢。當你想打造一個能夠銷售商品（能夠宣傳）的帳號時，想必會出現「想賣特定商品」、「想賣多種領域的商品」這兩種模式。

首先，所謂「想賣特定的商品」，例如化妝品指的就是化妝品，書指的就是書，這種打從一開始想賣或者想要宣傳的商品都很明確的模式。

想賣的商品很明確時，從一開始建立帳號的時候就要很積極的介紹商品，**以「專精某商品的帳號」為目標**。例如想賣化妝品，不妨就以化妝品專家的身分，陸續發布推薦的商品、上妝技法以及其他小知識等。重點是要讓觀眾產生「這個帳號很了解化妝品」的認知和信賴。

就算賣東西也不會覺得突兀，為此得「塑造形象」

接著是「想賣多種領域的商品」，這指的是對宣傳的商品不設限，持續經營TikTok帳號，希望日後能承接企業案件的情況。比較適合希望能以TikToker的身分成功經營的個人。

如果對經手的商品種類沒有限制，總之就想承接宣傳的案件時，**要留意「方便銷售的人物歸屬性」，這點很重要**。

舉例來說，因為觀眾接受我「社長類TikToker」、「擅長銷售」的人物設定，所以不管我承接何種企業案件，也不會讓人感到突兀。很慶幸的，我的粉絲愈來愈多，也有人是在「既然是中野社長推薦的，我想試用看看」這樣的動機下購買商品。

一開始就能吸引粉絲，作出讓人讚不絕口的好影片，真的很不容易，不過，要以此作為最終目標，一面留意一面經營TikTok，這點非常重要。不光只是吸引粉絲，如果還能採取像「擅長銷售」這一類方便賣商品的人物設定，那可就如虎添翼了。

此外，就算想介紹的商品不設限，但**最好還是要定出大方向才會比較好著手**，例如「想宣傳女性走向的商品」、「想宣傳化妝品」、「想介紹適合20多歲年齡層的流行時尚」之類。因為**一開始就涉足各種類型，會無法傳達給觀眾你的專業性**，難以獲得民眾對你的認知。

等到人們了解你是「某個領域的行家」，粉絲愈來愈多時，再慢慢擴展要介紹的類型吧。

首先要讓人覺得「有趣」

想要成為能推銷或宣傳的帳號，**前提就是要讓人覺得「有趣」而接受**。

希望各位站在觀眾的立場來思考，假設有個向來都不知道在說些什麼，總是搞得很冷場的帳號，某天突然宣傳起商品，你會產生「想買」的念頭嗎？還有，今天第一次造訪的社群網站帳號，突然宣傳起某樣商品，你會相信他並產生「那就買吧」的衝動嗎？

向來冷場的帳號，以及與該帳號關係不夠深的情況下，觀眾應該是不會想購買吧。反過來說，**想在社群網站上介紹商品，讓觀眾購買，就必須先獲得「有趣」、「值得信賴」這類的好感才行**。

具體來說，就算是專門介紹商品的TikTok帳號，如果僅僅是介紹功能，是完全不夠的。

要是能提供「從沒聽過的小知識」、「一般人不知道的功能」、「意想不到的效果」這類的新資訊，就能讓觀眾覺得有趣。

「介紹商品的影片情節很有趣」、「令人感動的發展」、「介紹方式很有哏，忍不住笑了」，像這樣的影片構成有趣的話，也會提高觀眾的接受度。

「聲音好聽」、「動作有趣」、「長相可愛」等的登場人物特色，也會是讓觀眾產生好感的重點。

不管怎樣，不光只是介紹商品，還必須要另外有一些加分的事項。

看你是可提供方便好用的知識、能構思出有趣的情節或者是具備高顏值，要充分運用自己所能發揮的能力，朝「有趣的帳號」邁進吧。只有在觀眾認定你是個「有趣的帳號」後，你真正想做的商品介紹或宣傳才能發揮功能。

要仔細周到，連老太太都看得懂

我在製作影片時，都會**「留意起承轉合」**與**「讓每個人都能看懂」**，以此作為介紹商品或服務的祕訣。

「讓每個人都能看懂」，指的是打從一開始就仔細周到的介紹，連不知道商品的老太太看了也聽得懂。在自己擅長的領域，尤其要特別注意，因為很容易會心想「這種事應該大家都知道吧」，而跳過說明。

例如在自己熟悉的領域，往往會在說明B和C之前，省略A的說明，但一般民眾連A都不太清楚，這是常有的事。不要省略前提，面對什麼都不懂的對象，要仔細思考影片的構成。

當雙方都曉得這是「理所當然的事」，而且對方已經知道你所說的內容時，有時反而會認為「果然是這樣沒錯」，而產生信賴度就此提高的效果。「我講這麼基礎的東西，真的不要緊嗎？」不必有這樣的顧慮，盡可能調低你看事情的角度，以此發布影片吧。

排除沒必要的「空檔」

我在製作介紹影片時特別留意的重點，是盡可能**刪除沒必要的「空檔」或「台詞」，讓影片盡可能精簡**。

在一般的對話中，會發出像「啊……」或「呃……」這類的連接詞（這種沒意義的連接詞稱作「填充物」），**如果不加以刪除，直接留在TikTok影片裡的話，會造成觀眾的注意力中斷**。TikTok用的是短影音，只要將畫面滑開，就能觀看下一個影片，所以當觀眾看了覺得膩，就會被跳過。

像YouTube這一類發布長影片的社群網站，或許可以不必在意這個問題，但**在TikTok「排除空檔」和「步調的快慢」是極為重要的事項**。

試著研究當紅的TikToker，以及有許多人觀看的影片後發現，大多數都是步調快、旁白簡短的影片。如果製作情節簡短，可以一口氣看到最後的影片，則名為「收視維持率」的影片觀看停留時間也會拉長，也容易從TikTok的AI那裡獲得好評。

為了觀眾，也為了攻略TikTok的影片評價演算法，在TikTok上的旁白得留意要盡可能簡短、步調快。

從TikTok引導至其他社群網站的方法① YouTube篇

我在第1章也曾稍微提過，TikTok有個優點，那就是能引導至TikTok以外的各種社群網站。

在此解說從TikTok引導至各種社群網站，強化TikTok以外影響力的方法。首先是以TikTok增加粉絲數，然後介紹YouTube頻道的方法。

YouTube已經是擁有高知名度的影片平台，也有許多名為YouTuber的影片發布者。就算現在開始經營YouTube，也很難獲得訂閱者；一般來說，首先要攻略TikTok，然後再開設YouTube頻道，加快它的發展速度。

TikTok和YouTube一樣都是「影片發布社群網站」，雖然影片發布的時間長短有差異，但基本上來說，兩者的相適性絕佳。在TikTok上看短影音的粉絲，很容易就順勢成為YouTube上的訂閱者。

此外，在介紹時，如果只以「我開設YouTube頻道了」、「請看我的YouTube」這樣來宣傳，欠缺震撼力。

「TikTok是很有趣，但在YouTube不知道怎樣」、「也很想看看○○○在YouTube上的影片」，就像這樣，必須花一番心思來吸引觀眾的興趣。

在此舉我的朋友COMATV的COMA社長（@comatv722）為例。

COMATV當初在TikTok上提到「社長的年收有多少？」、「終於要公開年收了！」，以此鼓動觀眾、炒熱話題後，接著開設YouTube，圈粉無數。他並非單純只提一句「我開設YouTube頻道了」，而是讓人覺得「這個人是何方神聖啊？」、「他好像很有錢，很好奇他的收入有多高」，吸引別人的關注後，再將人氣導入YouTube。

此外，以TikTok直播來為YouTube宣傳也很有效。

TikTok有能夠現場播放影片的直播功能，在直播時說「請看YouTube頻道」，請觀眾配合。比起觀看單純的錄影影片，在直播中直接提出請求可能更能打動人心吧，在直播中引導至YouTube，往往都會有不錯的反應。

另外，我雖然是第一次採用這種手法，但確實有在TikTok直播中播放YouTube直播的這種宣傳方法。

不光TikTok，在想宣傳的YouTube上也要先展開直播，就像是在昭告眾人「〇〇〇正在YouTube上直播」一樣，展開直播的實況轉播。從觀看者的立場來看，他們會知道現正在發生的事，有時間限定效果，而能充分引來關注。跑來YouTube觀看的人，直接訂閱頻道的情況也很常見，以TikTok直播來播放YouTube直播，算是一種相當有效的策略。

從TikTok引導至其他社群網站的方法②　LINE官方帳號篇

將粉絲從TikTok引導至LINE官方帳號的方法，也同樣不可或缺。

說到LINE，一般都是用來與朋友或家人通訊的「個人使用」，但企業用來宣傳、公關、粉絲交流的「企業使用」，也愈來愈多了。

舉個例子，如果是餐飲店的LINE官方帳號，就能通知店內的訂位現況，或是發送折價券。比起各種社群網站，能保有更密切的交流，宣傳效果也更好，所以LINE官方帳號正吸引許多企業、餐飲店、自由工作者的矚目。

「想把粉絲從TikTok引導至LINE官方帳號」，也有許多人詢問我這類關於LINE官方帳號的事。

TikTok→LINE官方帳號的引導方法確實需要進一步了解，但我認為搭配上TikTok直播應該不錯。

在引導至YouTube的段落中已經提過，就是藉由即時收看TikTok直播，觀眾比較容易接受你提出的請求。

此外，就像「以LINE官方帳號接受提問」一樣，如今藉由設計與粉絲雙向交流的機會，就能更便於溝通。

我實際採行將TikTok引導至LINE官方帳號的方法如下。

① 增加TikTok粉絲數
② 採取TikTok直播
③ 在TikTok直播中宣傳LINE官方帳號

首先，如果沒人在TikTok上觀看影片，那就沒意義了，所以我在增加粉絲數這件事情上很用心。具體來說，當粉絲數增加到2萬人左右時，便已經小具規模，能展開有效的宣傳。

我等到TikTok的粉絲達到2萬人後，就展開TikTok直播。

直播時在線上的人數，也就是正在看影片的觀眾有200～300人。

直播的內容是以「只要在LINE官方帳號加好友，就能向中野提問」這樣的形式，由加LINE官方帳號為好友的粉絲提問，我在直播中一一回答。直播時，我先在背後準備了一塊白板，事先把「LINE加好友方法」、「LINE ID」、「接受提問中」等文字寫在上面。

正在看直播的TikTok粉絲會加我的LINE，光一次直播就大約有100人加我的LINE官方帳號為好友。以觀看直播的觀眾有200～300人來推估，會加LINE官方帳號為好友的人占了相當高的比例。

重點在於除了以直播號召觀眾外，還要**事先在背後的白板清楚寫下「LINE加好友的步驟」**。

常見的失敗案例是，雖然有號召觀眾「請記得在LINE加好友哦」，但觀眾卻不知道該從哪裡加好友，怎麼加好友。必須**仔細且明確的告訴觀眾「要做什麼，該怎麼做」**，這稱作動線引導。

一般的做法會事先在個人資料中貼上LINE官方帳號的網址，不過，我是在直播時，同時在背後準備一塊白板，讓觀眾更簡單的明白加好友的方法。只要一直用文字來呈現，觀眾就比較容易明白要去哪裡加好友。**要拋卻「這種事**

應該大家都懂吧」這類先入為主的觀念，不厭其煩的仔細讓觀眾知道，這樣的態度很重要。

說個題外話，善於將TikTok引導至LINE官方帳號的TikToker當中，有位名為被請客專家（@taichinakaj）的創作者。

他秉持「靠別人請客生活」的獨特立場，並透過對所有事物都以俯瞰的觀點看待的「曉悟路線」引發話題，粉絲數逾10萬人。他的個人資料上寫著「每週直播」，以LINE官方帳號接受提問。

各式各樣的觀眾為了追求他獨特的感性或建議而聚集，而看了這種情況後，又引來更多人聚集，因此形成良性循環。加他LINE官方帳號為好友的人似乎已超過６０００人。

他的情況也是巧妙的活用TikTok直播，以及在LINE官方帳號下接受提問和諮詢，而成功圈粉。

從TikTok引導至其他社群網站的方法③ Instagram篇

只要活用TikTok，也能將粉絲引導至Instagram。

Instagram是發布圖片，或是像TikTok一樣發布短影音的app，已成為一個可以共享時髦、高尚內容的平台。TikTok是學校、職場、假日等「不經意的日常光景」的共享場所，相對於此，Instagram給人的印象則是旅行、美食、昂貴購物等**「特別的日常光景」的共享場所**。

它沒有像Twitter的「轉推」這種傳播功能，也沒有像TikTok的「為您推薦」這種介紹功能，在Instagram上要增加粉絲，難度相當高。它得巧妙的利用「#（主題標籤）」來提高曝光度，但基本上來說，這可說是為了原本就有影響力，或是對圖片品味獨具的人所設的社群網站。

因此，以TikTok這類更容易攻略的社群網站來增加自己的影響力後，再來宣傳Instagram，加速它成長，這樣的努力頗有效果。

從TikTok引導至Instagram的情況，也和從TikTok引導至YouTube的時候一樣，要讓人心想「這個人的Instagram不知道是怎樣的感覺」、「不知道會發布怎樣的影片」，就此產生興趣是第一要務。

別在TikTok就結束，要多元化銷售

在TikTok上銷售商品時，不能只想著在TikTok上銷售，而是要善用店面宣傳，並使用其他的社群網站、官方網站，多元化進行銷售的態度很重要。一聽到「在TikTok上賣商品」，或許一般人會想像成是在TikTok貼上購物連結，直接就這樣販售。

當然，像聯盟行銷網站一樣，在TikTok上介紹商品，然後從介紹的連結來銷售商品，這種情況確實也存在。事實上，在我負責的案件中，也有介紹書

圖18. 多元化販售商品

籍，在評論欄中貼上網址，引導到頁面進行購買的案例。

不過，TikTok最大的強項，**不是只在TikTok上銷售，而是它能引導觀眾至店面或其他網站，採多元化銷售**。

以我介紹過的案件為例，他們銷售的是「NANAN口罩」這個品牌的口罩。

我接受販售NANAN口罩的NANAN WORLD股份有限公司的委託，製作介紹口罩的影片，獲得23萬次的播放數，6400個讚的極高評價。在這支影片中，我特別留意的是將觀眾引導至實體店面，以及引導至電子商務網站這2點。

NANAN WORLD在銀座有店面，他們希望能招攬顧客到店內。且為了不能親自光臨與馬上想買的人，也備有電子商務網站，希望我能為網站宣傳。

於是我在影片中做出同時引導至店面和電子商務網站兩邊的內容，可因應觀眾的需求，看要連結至哪一邊都可以。

甚至有觀眾向我反映「看了中野小姐發布的影片後，我去買了口罩！」，反應相當熱烈。我也收到NANAN WORLD的回饋，表示在招攬顧客到實體店面，以及用電子商務網站購物，兩邊都發揮了宣傳效果，非常感謝。

在NANAN口罩的宣傳案件中，特點在於**透過實體店面和電子商務網站的介紹，構築了一套能間接銷售的機制**。

製作出好的商品，建構一套能熱銷的機制，以提高認知度，這點很重要，而且不只限於TikTok，所有宣傳或許都有關聯。

就算有好商品，但若沒能讓人們知道就很難促成購買。我認識某位技藝過人的美術家，他雖創作出優秀的作品，卻苦惱於無法讓人將其視作商品。

我認為TikTok是能有效將好商品傳達給更多人知道的工具。

在人煙罕至的小巷弄裡開幕的美味拉麵店，如果沒有讓大眾知道，就不會有人光顧。以前只能發傳單，但現在可以利用TikTok告知全世界。我認為TikTok是能扮演「傳單」，讓人知道商品好在哪裡、非常有效的道具。

「人脈」和「工作」也要一併獲得

先從銷售的話題岔開一下，我覺得透過TikTok**建立新的人脈，促成工作，也是它的一大優點**。

為了經商人士合作，往新型態的商業發展，或是取得社群網站的運用諮詢等，最重要的是與「人」的連結，而透過TikTok建立人脈，是很常見的事。

例如我以前幫美容企業上傳過一支宣傳影片，而某位從事美容事業的社長看了那支影片後，向我提出委託，希望能諮詢TikTok影片的製作方式。

將自己過去的實績做一番歸納整理，這稱作「作品集」，而TikTok影片會是最棒的作品集。

只要上傳介紹案件的影片，內容是否有趣，是否得到好評，這都是顯而易見的事，而相反的，如果搞得完全冷場，也全都會公開在網路上。尤其是委託社群網站相關的工作時，委託者一眼就可看出對方的實力。

如果上傳有趣的影片、效果顯著的宣傳影片，看了影片而產生「我也想委託」這種念頭的人就會聚集。如果能妥善處理這些請託，實績就會增加，而看過這些影片後，委託又會陸續湧來……像這樣產生良性的循環。

以真名和露臉來發布影片時，容易傳達出一個人的表情和人格特質，在接受工作委託方面，會成為很大的優勢。

因TikTok而與舉辦各種有趣活動的人邂逅，當中存有很純粹的歡樂，我很享受這個過程，而發布了影片，就這樣又聚集了許多有趣的人，促成了工作，這樣的狀況真的很幸運。

過去只要說到「人脈」，或許是只有在現實的場所中才能得到，但如今在社群網站裡，能與全世界的人相連。TikTok也不例外，作為構築人脈的工具，它同樣也是個很有用處的平台。

第4章歸納

- 既然想宣傳，就要以「人物歸屬性高的帳號」為目標
- 要以「不像宣傳的宣傳」為目標
- 既然「想賣特定商品」，就要以「商品專精型帳號」為目標
- 既然「想賣多種領域的商品」，就要著重形象的設定
- 既然要引導至其他社群網站，就得簡單易懂
- 別只在TikTok就結束，要多元化銷售
- 不是光賣「東西」，也要取得「人脈」和「工作」

第 5 章

以TikTok掌握人心

如何創造出「狂熱粉絲」

創造「粉絲」的優點

這是很根本的話題，不過歸結起來只有一句話，那就是為什麼在TikTok只要增加粉絲就行了呢？一言以蔽之，就是**「能活動的範圍會就此拓展」**。

在TikTok上的粉絲人數增加，知名度擴大，藉此開始與過去無法認識的人交流。就連走在街上，也會有人主動上前詢問「您是中野社長嗎？」，感覺自己成了小有名氣的人，覺得很開心。

因為關注者或粉絲增加，影響力也提升後，有時還有人會對我說「請幫我宣傳商品」，就此承接了宣傳案件。TikTok成為工作，令人感到開心，而要是聽到廣告主說「發揮效果了」、「真的有幫助」的時候，就會得到成就感。

此外，不光是與粉絲交流或宣傳案件，有時也會與透過TikTok認識的人洽商。我與同樣經營TikTok的社長合作，展開我們能一起共事的生意。

粉絲交流、獲得宣傳案件、建立人脈，對我來說，每件都是因為開設了TikTok才得以達成的事。

將自己推到鏡頭前拍攝影片，有人會覺得不自在，有時甚至還引來批評，但「得到粉絲的優點」遠比這些都來得大，所以我推薦各位挑戰TikTok。

在此也介紹一位擅長在TikTok和YouTube上圈粉的人物範例。

擅長圈粉的TikToker，在此舉修一朗先生（@tuckinshuichiro）為例。他的粉絲數約200萬人，總按讚數約5000萬，是堪為日本TikTok界代表的TikToker。

他主要發布的影片是人稱Vlog，以影片分享日常生活的部落格形式的影片。他以「我是東京的大學生」展開的日常生活影片風格，採用「我是某某地方的某某某」的形式，並發展成TikTok影片的一種類型。

我認為修一朗先生會有這麼多粉絲的原因，在於他總是以開朗的個性出現在鏡頭前，給人很好的印象。時時顯得積極正向，發言開朗，不會隨著社會上討論熱烈的題材起舞。

而另一方面，TikTok上流行的題材，他會馬上採用，為大家介紹「現在TikTok上流行的影片」。

雖然他自謙是個「區區大學生」，但他開朗的形象平易近人，所以大家認為他很可能會接受其他TikToker提出的合作案。而事實上，他也經常和TikTok上的名人，或是跨越TikTok，與YouTube或演藝圈的名人合作，在

▲修一朗（@tuckinshuichiro）
主要發布Vlog影片，人氣爆棚

這樣的合作契機下，感覺他的影響力又更加的擴張。

如果具備像他這麼開朗的態度，與人共享日常生活趣事，並處在有粉絲關注的狀態下，那就已經算培育出「不管做什麼都會被接受」的帳號，接下來不論是要旅行、介紹案件、唱歌、跳舞，怎樣都行。

堪稱是TikToker所追求的理想帳號。

接著要談的不是TikToker，而是以YouTuber身分廣為人知的HIKARU先生，他也是很善於以發布影片來圈粉的創作者。

HIKARU頻道的訂閱者已達440萬人以上，總播放次數超過30億次。他活用自己的影響力建立品牌，經營人力仲介公司等，也以實業家的身分多方活躍。

他如此受歡迎的原因，在於花1000萬日圓在賽馬上這種豪邁的「富豪YouTuber」企劃，以及「因為想成為大紅人，所以才做」的自我陶醉路線。

不光獲得十幾、二十幾歲的年輕女性支持，高級車或是賭博這些類型的影片也吸引了許多死忠的男性粉絲。

HIKARU先生本身的形象擁有高人氣，處於所謂「人物歸屬性高」的狀態，所以不論他是要唱歌，還是舉辦網聚，做什麼都能成為影片內容。不管是創立品牌銷售，承接宣傳案件，還是人力仲介，已經是做什麼都行的帳號，不必仰賴播放次數所帶來的廣告收入，構築出穩若磐石的影片發布者地位。

像HIKARU先生這樣，藉由個性和生活來圈粉，以影響力當起點，串連出各式各樣的活動，這也稱得上是影片發布者所追求的終極目標。

善於圈粉的企業帳號

個人就不用說了，就算是企業帳號，圈粉也一樣重要。

以TikTok來圈粉的企業，在此舉日本達美樂披薩股份有限公司為例。

日本達美樂披薩股份有限公司，是日本最早推展披薩外送事業的大型餐飲公司。他們也開設了TikTok帳號（@dominos_jp），粉絲數約26萬人，總按讚數約500萬。

發布的影片內容是披薩的製作影片，以及以披薩店的身分趕搭流行題材所拍攝的搞笑影片。

▲日本達美樂披薩（@dominos_jp）的帳號。
擄獲了許多粉絲

從製作影片中看到製作披薩的過程，能讓人湧現食欲。並非單純只是放上食材的場面，而是可從中看到平時看不到的製作過程，例如揉製麵團的階段等等，這也是重點。

特別值得注意的是，以披薩店身分趕搭流行影片的風潮所發布的搞笑影片，可以看出創作者的敏銳度相當高。

舉例來說，麥當勞的月見漢堡蔚為話題的那段時間，他們採用像「披薩店的祕密帳號」一般的風格，發影片抱怨道「也可以關注一下我們達美樂的月見披薩吧」。除此之外，他們也跟上TikTok的熱門音樂風潮，發布披薩影片，成為了符合TikTok風格的高水準內容。

他們不光只介紹自己公司的商品，還多方結合TikTok內的流行，以及社群網站上受歡迎的搞笑影片，用這樣高水準的帳號牢牢擄獲粉絲的心，稱得上是成功「圈粉」的帳號。

徹底思考請人加關注後的「附加價值」

除了已經有許多粉絲的網紅外，新人想要在TikTok圈粉，**重點就是要留意「請人觀看的原因」與「被關注的原因」**。

這並非只是短影音，還有「有趣」、「有用」之類的附加價值，所以用戶才會看影片。如果用戶對下次的作品感到好奇，甚至還會加關注。

任何人都能輕鬆增添附加價值的方法，就是留意「實用性」。

實用性的意思是「對人有幫助」，例如介紹可以輕鬆完成的菜餚、小臉化妝法、從明天起就能派上用場的心理測驗、占卜、看手相等。例如像「如果傳來這樣的LINE，一定別有含意」這類的知識小集錦，或是「明年或許會發生〇〇？」這種都市傳說影片，往往也都很熱門。我經常提到「窮困的時候往往會發生這種事」，分享自己的經驗談，可能是觀眾聽了覺得有趣吧，接受度相當高。

那麼，要怎樣才能創作出具有實用性，而且觀眾會覺得「我想試試看」、「知道這件事真有趣」的影片呢？我認為提示就在日常生活的對話中。

在咖啡廳或居酒屋與朋友見面時，有不少人會提到「很慶幸自己知道的事」或「最好朋友也能這麼做的事」。這是因為自己體驗過或是有所了解，而明白其價值，所以也推薦給朋友的狀態。

想傳達給真實世界中朋友知道的小插曲，就算是隔著影片說給大眾聽，一樣很容易打動人心。如果你覺得將這件事告訴腦中浮現的熟人或朋友，他們可能會覺得有趣的話，就在TikTok上作成影片吧。

在TikTok上如果變成熱門影片，將會被播放數百萬次，或許有人會心想「我從來沒對這麼多人發布過訊息……」而就此卻步，但我認為**發布資訊的基本原則，就在於一對一的溝通**。對眼前的對象來說，是否有附加價值，內容是否有用，思考這些問題來構思影片，是個不錯的方法。

「自我揭露」，讓自己站到鏡頭前

在製作TikTok影片時，留意對觀眾有助益的「實用性」固然也很重要，但更重要的是**「讓自己站到鏡頭前」**。

舉例來說，像「介紹可以輕鬆完成的菜餚」這個內容本身具有實用性，不管由誰來說，都會是有幫助的內容，但**雖然是同樣的內容，由誰來說、以怎樣的表情說、以何種方式說，都會給人截然不同的印象**。而這正是發揮個人特質的部分。

就像我前面一再說明的，像「我非那個人不看」、「正因為是那個人的影片，所以想看」這樣的狀態，我稱之為「人物歸屬性」，而為了培養粉絲，**人物歸屬性是最應該重視的要點**。從TikTok影片的企劃，到編輯、發布影片，都要盡可能將「自己」推到鏡頭前。

將自己推到鏡頭前，聽起來或許會讓人覺得是什麼誇張的自我宣傳，但我認為最簡單的方法，就是「共享日常的生活點滴」。「我今天吃了什麼」、「我去了哪裡」、「我現在開始做○○」，就像這樣將自己真實的生活公開在大眾面前，能夠帶給觀眾親近感。

熟面孔的影片發布者，就算只是在看慣的個人房間裡發布影片，觀眾也會感到安心。溝通方法的基本原則中，有一個是「自我揭露」。這個原則指的是，若自己的狀況或內心想法讓對方知道得愈多，對方愈會對你抱持親近感。

不難想像，與素未謀面、也不知道姓名的人相比，對一位外表、經歷、嗜好、目標、最近的生活情況等各方面都了解的人，較容易產生親近感。

這點在TikTok也一樣，要留意「自我揭露」與「公開生活」，盡可能讓觀眾知道「我」的存在，以這個原則來構思影片吧。

比起只有實用性高的影片，這類影片吸引粉絲的程度應該會有很大的變化才對。

人物歸屬性與實用性的比例要設在7比3

一個是將自己推到鏡頭前，亦即所謂的「人物歸屬性高」的影片，一個是排除個人特性，對觀眾有助益的「實用性高」的影片。前面提到的都是以創作出這樣的影片為目標。

這2個方向性是想讓TikTok帳號成長所不可或缺的要素，不過兩者同時也是反向而行的目標。像今天吃了什麼飯這種私人的話題，會讓人產生親近感，但在實用性方面則沒有特別值得一看的優點；相反的，針對某件事解說的影片，則難以展現個人特性。

因此，我推薦影片的構成要採取**「人物歸屬性：實用性」為「7：3」的比例**。

影片發布者所追求的最終目標，是有死忠粉絲跟隨的狀態，所以要是單純只局限於「有助益的帳號」，實在可惜。除了解說的影片外，不妨也多分享一下日常生活，發布表達自己意見的影片，讓它成為人物歸屬性高的帳號。

此外，就算是料理解說、商品介紹、占卜解說，也能加入個人特色。透過個人獨特的口吻、豐富的表情來發布影片，觀眾會覺得「有這個人的風格」。如果擁有自己特殊的口頭禪或是經典語錄，往往也會成為風格獨具的影片。

起初是基於「對我有助益」的動機而觀看的影片，也會在不知不覺間，動機逐漸轉變為「因為這位影片發布者很吸引我」。

就算原本以人物歸屬性低的影片居多，但藉由發揮「個人風格」，人物歸屬性高的影片所占的比例自然就會逐漸變多。

以整個帳號來考量時，應該要留意讓發布的影片保持在「人物歸屬性：實用性」為「7：3」的比例。

此外還有一項要注意的地方，那就是儘管處在「在鏡頭前展現個人特性」、「人物歸屬性高的影片發布者」這種狀態下，但要是帳號的內容過於激進，就會不容易承接案件，能做的事將受到限制。

在TikTok上，常會有人以搭時事順風車或是攻擊名人的方式，採取引發論戰來吸引觀眾興趣的行銷手法。如果以「批判類」TikToker的身分引發論戰，確實可以獲得爆炸性的曝光次數，有時一支影片的播放次數甚至會高達數百萬次之多。

但日後若要接受企業的宣傳委託，或是與其他TikToker合作擴展帳號版圖，是否行得通呢？或許會困難重重。因為企業無法信任給人壞印象的影片發布者，在交付公司的案件時會猶豫再三。在廣告方面，幾乎整個業界都是這樣的情形。一般都會避免將企業或商品的形象交給大眾好感度不高的人去處理。

如果你的目標是以TikTok圈粉、承接案件、販售商品或是雇用人材，那就要盡可能避免走引發論戰的路線，這樣比較安全。也有極少數的人因為這樣的形象而接到案件，但這始終應該將其視為罕見案例。

每天發布影片，看準單純曝光效應

想在TikTok上圈粉，要特別留意的就是**「單純曝光效應」**。

所謂的單純曝光效應，指的是一開始雖然沒興趣，但經過反覆曝光後，印象和好感度都會隨之提高的一種效果，美國的心理學家羅伯特・札瓊克將它歸納於論文中，所以又稱作「Zajonc Effect」。

像常見面的人、常吃的菜、聽過很多遍的音樂等，對於熟悉的事物，人們往往容易有好印象。像電視廣告之類的宣傳，也同樣運用了單純曝光效應，藉由一再反覆觀看宣傳，而對企業產生好印象，或是想購買商品。

在TikTok之類的社群網站領域中，一樣可期待它們發揮單純曝光效應，只要反覆觀看某人的影片，慢慢就會傾向成為他的粉絲。因此，對影片發布者來說，理想的做法是刻意每天發布影片，讓同樣的觀眾一再觀看影片。

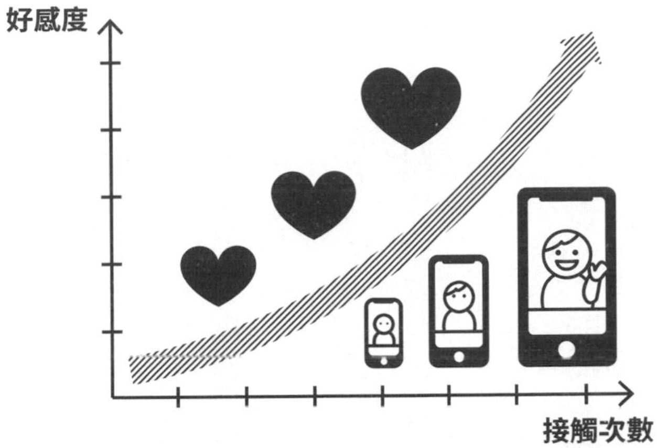

圖19. 接觸次數愈多，好感度愈往上升

此外，想要觀眾一再觀看影片有2種模式，一是一再出現在TikTok的「為您推薦」上，二是關注者定期收看。

就算沒做出讓所有用戶都收看的「超熱門影片」，但由於TikTok的AI很優秀，故每次都會將影片送到可能會喜歡的用戶面前。攻略「為您推薦」的功能，看準單純曝光效應，這是第一項策略。

另一項作戰策略，則是讓關注的觀眾定期收看影片。

如同我前面所說明的，TikTok除了「為您推薦」外，還有請人關注自己喜歡的帳號，查看最新影片的收看方法。這是類似YouTube的頻道訂閱，或是Twitter、Instagram限時動態的功能，如果以影片發布者的身分請觀眾加關注，就有機會定期傳送影片給他們。

對於那些對你感興趣而關注你的潛在粉絲，要持續提供維持高品質的影片，就像在和粉絲交流一樣，積極的發布影片吧。那些關注你的用戶層原本就處在具有高度興趣和關注的狀態，所以研判單純曝光效應也能發揮更大的效果。

用每一支影片打造出「對下次的作品感興趣」的狀態，引導人們關注，並且要關注你帳號的人們每天觀看影片，這也是看準單純曝光效應的一種不錯的作戰策略。

發布自己「喜歡的內容」是持續下去的要訣

在TikTok上增加粉絲，是一項穩紮穩打的工作。

網紅聽起來或許會給人華麗的印象，但其實**必須經過反覆嘗試並一再失敗後，從中發現自己的一套模式，再繼續發布影片，以藉由單純曝光效應提升形象為目標**。而這一切的基石，就是「持之以恆」。要成為粉絲眾多、高人氣的影片發布者，就一定得穩紮穩打，不斷的累積。

常有人問我持續經營TikTok的要訣，我認為基本上只有一句話，那就是**「發布自己喜歡的內容」。如果自己不喜歡，就無法持久**。

換作是企業帳號也是一樣的道理。即便是工作，要是負責人不感興趣，只是很制式化的發布影片，就不會產生「人物歸屬性」。雖說是公司的帳號，但負責人要是當成個人帳號來經營，就很容易凝聚粉絲。

TikTok的影片發布模式多得數不清，例如「親自演出」、「只靠圖片和字幕發布影片」、「跳舞」、「展現有用的小知識」、「不出聲的搞笑」等不勝枚舉。除了部分太過火的演出外，發布的內容模式沒有限制，新領域的影片也陸續誕生。

我再重申一次，要持續經營TikTok的最大要訣，在於自己要感興趣，可以快樂的持續發布影片。

對跳舞不感興趣的人，就算勉強發布跳舞影片，影片的品質也不會有多好，而發布的人自己也不會開心，所以數字不會上升。在這種狀態下無法持續發布影片，也不難想像。相反的，喜歡跳舞、每天都會練習且有強烈欲望要展現的人，就算沒人強迫，想必也能持續發布。不管是何種類型，何種發布模式都無妨，要找出自己感興趣，發自內心覺得「想做」的領域。

若考慮到順序，不應該是先思考「會變得熱門」的內容才開設TikTok，而是有自己想要表現的內容才開設TikTok，這樣的流程或許才自然。

此外，自己感興趣、覺得「這個影片應該可行哦」，**那就試著發布，這點很重要**。因為怎樣的影片會受歡迎，得試過才知道。不管是怎樣的影片，只要不試著發布，就跨不出第一步。

前面已經解說過TikTok的方法論和「變熱門的方法」，不過，最後這支影片是否能被大眾接受，還是得試著發布後才知道。這樣說或許有點嚴苛，不過，**要抱持著「在受歡迎前，不管要試幾十次、幾百次都願意」的幹勁，一再挑戰發布有趣的影片，這樣的態度很重要**。

透過發布影片，可以得到「按讚數」、「播放次數」、「評論」等各種回饋，針對優點和缺點加以改善，就此慢慢完成高品質的影片。

總之，藉由發布影片而得到意想不到好評的情況也確實存在。舉例來說，某位接受我建議的粉領族，在說出「對公司的牢騷」後，獲得100萬次的播放次數。不過只是發發牢騷而已，竟然能夠產生如此大的回響，似乎連她本人也沒料到，這個小插曲能讓人感受到「發布影片就對了」有多重要。

今後將投入TikTok的人，希望也要秉持「不知道怎樣的影片會變得熱門」的立場，不必過度煩惱，先試著挑戰發布影片就對了。

到時候請別忘了，要「快樂的」「做自己感興趣的事」。

第5章歸納

- 只要粉絲增加，活動範圍就會擴展
- 留意「實用性」，以培育出關注會帶來附加價值的帳號為目標
- 將自己推到鏡頭前，讓大眾喜歡你的人物特性
- 「人物歸屬性」與「實用性」的比例為7比3
- 每天發布影片，以單純曝光效應來提高好感度
- 抱持興趣，快樂的發布影片

後記

非常謝謝各位一路看到最後。

這次出版了這本將TikTok從商業層面進行歸納的書籍，我自己也得到許多新的發現。

發布資訊的舞台從大眾媒體移轉至社群網站，就連在社群網站中，也從文章轉變為影片，而在影片中，也從長影片漸漸變成短影音。

全球性的智能裝置普及以及通訊技術的高性能化，伴隨而來的是短影音的盛行，想必今後將會更加蓬勃，而TikTok正是位於短影音全盛時代中心位置的社群網站。

如今這個時代如果懂得有效運用社群網站，個人或中小企業也會一舉擁有強大的影響力，在這樣的風潮下，才剛成立不久的TikTok，感覺還保有很大的機會可以投入其中。

透過歸納成書籍的方式，我重新真切感受到TikTok的出色與未來性，以及值得個人或中小企業加以挑戰的價值。

我再重申一次，抱持夢想的各位個人創作者，以及想在生意上出奇制勝，於中小企業內擔任公關人員的各位，請務必要試著挑戰TikTok。

至於還沒使用TikTok的人，不妨先下載app，試著開設帳號吧。

有緣拿起本書的各位，如果本書能派上用場，助你們達成目標或圓夢，那將是我最欣慰的事。

雖是未知的領域，但給我這個機會出版的出版社，以及編輯團隊的各位，我要藉這個機會向你們說聲謝謝。

最後，祝福TikTok與各位讀者發展順利，在此寫下這篇後記。

國家圖書館出版品預行編目(CIP)資料

TikTok社群經營致富術：低成本x零風險x無須基礎,廣告專家教你搶攻漲粉變現的短影音商機 / 中野友加里著；高詹燦譯. -- 初版. -- 臺北市：臺灣東販股份有限公司, 2022.05
192面；14.7×21公分
ISBN 978-626-329-220-8(平裝)

1.CST: 網路社群 2.CST: 網路行銷

496　　111004612

TikTok社群經營致富術
低成本×零風險×無須基礎，
廣告專家教你搶攻漲粉變現的短影音商機
2022年5月1日初版第一刷發行

著　　者　中野友加里
譯　　者　高詹燦
副 主 編　劉皓如
特約美編　鄭佳容
發 行 人　南部裕
發 行 所　台灣東販股份有限公司
＜地址＞台北市南京東路4段130號2F-1
＜電話＞(02)2577-8878
＜傳真＞(02)2577-8896
＜網址＞http://www.tohan.com.tw
郵撥帳號　1405049-4
法律顧問　蕭雄淋律師
總 經 銷　聯合發行股份有限公司
＜電話＞(02)2917-8022